악마에 홀린 수학자들

페르마의 마지막 정리

악마에 홀린 수학자들

ⓒ 야무차, 2022

초판 1쇄 인쇄일 2022년 6월 22일
초판 1쇄 발행일 2022년 7월 1일

지은이 야무차 옮긴이 김은진
펴낸이 김지영 펴낸곳 지브레인^{Gbrain}
마케팅 조명구 제작·관리 김동영

출판등록 2001년 7월 3일 제2005-000022호
주소 04021 서울시 마포구 월드컵로7길 88 2층
전화 (02)2648-7224 팩스 (02)2654-7696

ISBN 978-89-5979-738-7(03410)

· 책값은 뒤표지에 있습니다.
· 잘못된 책은 교환해 드립니다.

악마에 홀린 수학자들

페르마의 마지막 정리

야무차 지음 김은진 옮김

지브레인

contents

어릴 때 감명 깊게 읽었던 동화나 이야기는 나이가 들어도 그 내용이 잊히지 않는 경우가 많다. 그 이유는 아마도 상상력을 자극하며 흥미를 이끌어내는 전개와 함께 짧고 단순한 이야기임에도 삶의 철학을 담고 있기 때문일 것이다. 교사로서 나는 종종 수업 시간에 다루는 수학에도 동화처럼 흥미로운 전개 과정이 있어 학생들이 수학의 가치와 아름다움을 느끼며, 탐색과 연구를 자극하는 철학이 들어 있으면 좋겠다는 생각을 하곤 했다. 현실의 수업에서는 수학을 하는 즐거움으로 인한 작은 감동이나 수학을 통해 또 다른 사유를 촉발하는 상황을 찾기가 매우 어렵기 때문이다.

수학처럼 많은 오해를 받는 학문도 없을 것이다. 계산 위주의 수학적 경험 때문에 마치 계산 기술을 익히는 것이 수학을 하는 것인 양 착각하니 말이다.

이 책을 만난 것은 수학을 잘 가르치는 방법을 찾고 있는 상황에서 한 가지 답을 건네받는 행복한 경험이었다.

책은 미해결 문제라는 이름의 악마가 부는 감미로운 피리 소리에 이끌려, 하나 둘 악마의 가두 퍼레이드에 끼어든 사람들의 삶과 관련 수학을 다루고 있다. 가두 퍼레이드에 끼어든 수학자들은 악마의 주술에 걸려, 어떤 사람들에겐 아무짝에도 쓸모없는 하찮은 하나의 난제를 증명하기 위해 하루 이틀도 아닌 7년, 20년 혹은 남은 인생 전체를 건 도전을 한다. 그들 중 누군가는 실패로 명멸해 가고 누군가는 정상에 올라 빛을 발하는 350년을 그린 한 편의 역사 드라마 같았다.

그들은 수학에서 증명의 중요성을 강조함은 물론, 가장 멋진 증명을 보이고자 하는 열정, 무모순성을 끌어내리려는 고독한 싸움을 묵묵히 과장되지 않게 보여주며 결국 증명 종료에 다다르는 자신들의 역할에 최선을 다하였다.

이 드라마는 실제로 있었던 수학적 사건들과 사실을 담담히 그려낸다. 그런데도 마치 허구인 양 다음에 전개될 이야기가 궁금할 만큼 350년 동안 일어난 수학적 에피소드를 흥미롭게 전개한다.

이 드라마의 특성상 수학적 정리를 증명하고 못하는 것이 다는 아니다. 저자는 이야기의 전개 과정에서 난제가 속한 분야는 물론 또 다른 분야가 발전하고, 더 많은 수학의 길이 열리는 것을 알려준다.

한편, '인간은 아무 도움도 안 될 것 같은 문제나 미로에 짧은 인생 전부를 걸 수 있다'는 수학자들의 삶에 대한 경건함을 자연스럽게 보여준다. 또 수천 년 동안 인류가 배양해 온 학문이라는 세계는, 불가능하다고 여겨지는 절망적인 문제에 맞서려는 인간의 정열 위에 성립되어 있음을 잊어서는 안 된다는 것이 이야기 속에 여실히 녹아 있기도 하다. 따라서 이 한 편의 드라마를 보고 나면 자신들만이 느끼는 수학의 아름다움에 미친 수학자들의 수학을 하는 철학을 엿볼 수 있다. 또한 난제가 제시되고 해결되어 종지부를 찍기까지 가는 길을 통해 수학의 아름다움을 간접적으로 느낄 수 있다.

수학을 '미치도록' 싫어하는 사람이 이 책을 읽으면 어떨까? 아마도 재미를 느끼고 조금이나마 수학에 대한 부담감을 덜어낼 것이다.

이제 아이들에게 해줄 수 있는 동화 같은 수학 이야기 하나를 찾은 것 같다. 세상에는 눈에 보이지 않지만 존재하는 많은 진리가 있다. 하지만, 그것들은 내가 찾고 보아주지 않으면 존재하지 않는 것이나 마찬가지다. 페르마의 마지막 정리의 증명을 향해 달렸던 수학자들처럼 말이다. 또한 이것이 우리에게는 새로운 수학의 세상으로 발걸음을 옮기는 출발점이 될 것이다.

오혜정 (수원 이의고등학교 수학 교사)

이렇게 독자 여러분을 만나는 것이 오랜만이군요. 이전에 쓴 《철학적 사고로 배우는 과학의 원리》가 매우 큰 호평을 받아 나는 다시 집필의 기회를 얻을 수 있었습니다. 이번에는 《악마에 홀린 수학자들》이라는 제목으로 수학을 주제로 한 내용을 다루었습니다.

그런데 여러분은 '수학'이라고 하면 어떤 생각이 드나요? 혹시 '기호뿐이고 인간미라고는 전혀 찾아볼 수도 없으며 천재들이나 하는 난해한 학문'이라는 이미지를 갖고 있지는 않습니까? 실제로 자연계로 진학한 학생들조차 "물리는 좋아하지만 수학은 완전 바닥"이라고 말하는 친구들도 많은 것 같습니다.

하지만 물리에도 수많은 식이 나옵니다. 그런데 왜 물리는 좋아하고 수학은 경시하는 걸까요?

그 이유 중 하나로 학생들은 "무엇을 위해 수학을 배우는지 모르겠다"고 이야기합니다. 이를테면, 물리에서 식을 사용할 때는 사물이 떨어지는 속도를 구하는 등 분명한 의도가 있습니다. 또한 그것이 일상에 도움이 된다는 것도 금방 알 수 있지요. 하지만 수학에서는 어떤 식의 x값을 구하라고 해도 그것이 도대체 어떤 것과 관계가 있으며 무엇에 도움이 되는지 알기 어렵습니다. 도형의 면적을 구할 때는 좋았지만 행렬 계산처럼 무슨 뜻인지도 모르는 식이 나오면서부터 수학이 싫어진 사람도 있지 않나요?

"수학을 만든 사람들의 얼굴을 자주 못 보았다"는 것도 또 한 가지 이유가 되겠지요. 물리 같은 과목에서는 뉴턴이나 아인슈타인처럼 유명한 위인들이 바로 머릿속에 떠오릅니다. 선생님이 수업 시간에 그들의 재미난 일화를 이야기해 주기도 합니다. 하지만 '수학자'는 바로 생각나는 인물이 없고, 선생님도 수학자의 일화를 이야기하는 경우는 거의 없습니다.

결국 학생들은 수학이라는 학문을 만든 '인간'의 상상에 공감할 수 없기 때문에 그것을 배울 의의도 찾지 못한 채 무엇에 도움이 되는지 알 수 없는 기호의 퍼즐 풀이 방법을 그냥 줄줄이 외우기만 합니다.

이 책은 기존에 학생들이 가지고 있는 수학의 이미지 타파를 목적으로 썼습니다. 그래서 수학의 역사 속에서 가장 정열적이고 감동적인 일화인 '페르마의 마지막 정리'의 증명을 둘러싼 수학자들을 소재로 했습니다.

또한 각 장의 끝에 칼럼으로 'n차방정식 여행'이라는 해의 공식을 구하는 수학자들의 이야기도 실었습니다. 이 칼럼은 본편인 페르마의 마지막 정리와는 관련이 없는 별개의 이야기지만 함께 즐겨 읽어 주세요. 페르마의 마지막 정리에 집중하고 싶은 독자 여러분은 칼럼을 건너뛰었다가 마지막에 한꺼번에 읽어도 상관없습니다.

제 1장

진짜 어려운
악마 같은 문제

페르마의 마지막 정리

취미로 수학을 즐긴 페르마

나는 이 명제에 대해 정말 놀라운 증명 방법을 발견했다.
하지만 그것을 다 쓰기에는 이 여백이 너무 좁다.

페르마의 마지막 정리

$n \geq 3$일 때, $x^n + y^n = z^n$을 만족하는

자연수 x, y, z는 존재하지 않는다.

매우 간단한 것처럼 보이는 페르마의 마지막 정리가 담고 있는
의미를 자세히 설명하면 다음과 같다.

$x^n + y^n = z^n$이라는 식에 대해

① $n = 2$인 경우, 즉 $x^2 + y^2 = z^2$인 경우는

$3^2 + 4^2 = 5^2 {\scriptstyle (x=3,\ y=4,\ z=5)}$와 같은 답이 나오지만,

② $n \geq 3$(n이 3 이상)인 경우, 즉 $x^3+y^3=z^3$이나 $x^4+y^4=z^4$, $x^5+y^5=z^5$인 경우는 식을 만족하는 자연수 x, y, z가 절대로 존재하지 않는다.

그렇다. 페르마의 마지막 정리는 단지 이러한 내용에 지나지 않는다.

그런데 중학생도 이해할 수 있을 것 같은 이런 단순한 정리를 두고 막상 "정말 그렇게 되는 것을 증명할 수 있는가?"라고 묻는다면, 역사 속의 어떤 천재 수학자라도 서슴없이 칼을 뽑지 못할 정도로 무척 어려운 문제가 된다.

처음 이 정리를 만든 페르마$^{\text{Pierre De Fermat}}$는 프로 수학자가 아니었다. 그는 1600년경 프랑스에서 태어났으며, 법률가로 활동했다. 재판소에 근무하는 유능한 지방공무원인 그에게 수학은 그저 취미에 불과했다. 하지만 아마추어 수학자였던 그가 진정한 천재라는 점은 수많은 일화를 통해 알 수 있다.

확률론의 길잡이 페르마

페르마는 사람들과 접촉하는 것을 싫어했다. 그런 그가 특별히 호감을 느끼던 인물이 천재 파스칼이다. 파스칼은 수학에 따른

확률론의 창시자로 '확률론의 아버지'라고 불린다. 그런데 사실 그것들은 전부 페르마와의 의사소통 과정에서 태어났다. 즉 확률론의 반은 페르마의 공적이라 할 수 있다.

프로 수학자를 도발하는 아마추어 수학자

수학의 미분, 적분은 뉴턴이 발명했다고 하지만 실은 그 아이디어의 페르마의 머릿속에서 나왔다. 무엇보다 뉴턴 스스로 '페르마한테서 아이디어를 얻었다'고 서간에 남긴 것을 보면 더욱 분명하다.

이런 열쇠는 일화만 보더라도 페르마가 아마추어이면서 수학 천재였던 것에 의심의 여지는 없다.

그런데 그에게는 매우 짓궂은 버릇이 있었다. 페르마는 수학의 새로운 사실을 발견하고도 그 증명의 아름다움에 만족하면 증명 방법을 써 붙였던 메모들을 죄다 쓰레기통에 처박아 버렸다. 그는 수학을 본업으로 연구하지 않았기 때문에 수학계의 공헌이나 명예 따위는 어떻게 되어도 상관없었다. 아름다운 수학의 세계를 조용히 감상하면 그것으로 충분했던 그는 증명을 기록으로 남기는 법이 없었다.

게다가 페르마의 고약한 버릇은 하나 더 있었다. 바로 자신의 수학적 성과를 바다 건너 영국의 프로 수학자들에게 편지로 보내는 것이었다.

'나는 이러이러한 수학의 명제를 증명했다'

그가 보낸 내용에는 그냥 증명했다는 것뿐이지 결코 그 방법을 써놓지는 않았던 것이다.

이렇게 페르마는 하늘 같은 수학 선생들에게 새로 발견한 수학의 정리를 보내, 당돌한 도발을 자행했다.

나는 이런 정리를 증명했는데, 당신들은 그 방법을 아직도 모르는가?

그의 이런 도발 행위에 프로 수학자들은 펄쩍 뛰었다. '아마추어 주제에 이런 건방을 떨다니!'라며 그들은 페르마가 보내온 정리의 증명에 도전했다. 그런데 이것이 결코 만만치 않아 그 당시의 최신 수학 기법을 총동원해도 전혀 증명의 아이디어를 찾아낼 수 없었다. 급기야 프로 수학자들조차 두 손을 들었다.

'아~ 도무지 모르겠다. 아마추어가 이런 증명을 할 수 있었다니 그건 순전히 거짓말이야! 그럼, 그렇고말고.'

이렇게 그들이 증명을 내던지려고 할 때마다 페르마는 조금씩 힌트를 던졌다.

이런 것도 모르는가? 풋! 하는 수 없지. 그렇다면 내가 주는 이 힌트를 사용해 한 번 더 해 보길.

평소의 페르마는 논쟁을 벌이거나 발끈하고 나서는 것을 싫어하며, 식물처럼 평온하고 조용한 삶을 좋아하는 사람이었다. 그런 그가 바다 하나를 끼고 멀리 떨어진 나라의, 얼굴도 모르는 상대에게는 마치 딴사람이라도 된 것처럼 조롱하며 즐기는 행동은 지금의 인터넷 사정과 아주 흡사한 것 같기도 하다.

현대에도 아마추어 연구자들이 새로운 발견이라며 프로 수학자들에게 편지를 보내는 일은 부지기수이다. 그런 경우는 대개 오류투성이여서 명제가 성립하지 않는 것이 대부분이다.

그러나 페르마는 달랐다. 그의 수학적 능력은 프로 수학자를 완전히 능가하는 것이었다.

그런데 앞서 말한 대로 페르마는 자신의 수학적 성과를 논문으로 정리하거나 공표하지 않았다. 그래서 결국 당시 수학계로부터 주목 받는 일도 없이 원하던 대로 평온하고 조용하게 생애를 마치게 된다.

물론 그것뿐이었다면 페르마는 누구에게도 알려지지 못한 채 역사 속에 고스란히 잠들었을 것이다.

하지만 그가 메모로 끼적거려 놓았던 내용을 사후에 그의 아들이 정리하여 출판하면서 페르마는 세상 사람들로부터 주목받게 되었다. 아들이 출판한 책에는 이런 문장이 실려 있었다.

아버지가 증명했다고 메모를 남겼지만, 그 중요한 증명 방법이 남아 있지 않은 48개의 정리

보통은 진짜로 증명했는지 알 수도 없는 정리 따위는 쓸데없는 이야기로 치부되어 아무도 믿지 않았을 것이다. 하지만, 그것을 남긴 것은 다름 아닌 (일부 수학자들 사이에서 악명 높은) 페르마였다.

그는 지금까지 수많은 수학자들에게 아리송한 문제를 던져주고 조롱하며 즐겼는데, 단 한 번도 거짓 정리를 보낸 적은 없었다. 프로 수학자들조차 증명하지 못한 정리도 그가 '증명했다'고 하면 그것은 분명히 진실이었던 것이다. 즉 페르마의 인격은 제쳐놓고라도 수학적 재능에 있어서 그가 남긴 정리는 올바른 것일 가능성이 높았다.

그리하여 잃어버린 증명 방법을 찾아내기 위해 내로라하는 수학자들이 앞다투어 페르마가 남긴 정리의 증명에 도전장을 내밀었다.

하지만 그 도전은 곤란에 부딪혔다. 역사에 이름을 남긴 천재 수학자들도 어떤 하나의 정리를 증명하는 데 몇 년이나 걸렸던 것이다. 예를 들어 '페르마의 소정리'는 1700년대 최대의 수학자인 오일러가 무려 7년의 세월을 들여 가까스로 발견했을 정도이니까 더 말할 필요도 없겠다(페르마의 사후 약 100년이 지난 시점이다).

그래도 수학자들의 끈질긴 노력으로 페르마가 남긴 정리는 하

나하나 증명이 발견되었다.

하지만 아무리 노력해도 해결되지 못하고 반드시 남겨지는 한 가지가 있었다. 누구도 증명을 이끌어내지 못하는 정리! 그것은 바로 페르마가 당시 읽었던 고대 수학자 디오판토스의 저서 《산학》의 한쪽 귀퉁이에 낙서처럼 적은, 당장에라도 증명할 수 있을 것처럼 보이는 간단한 정리였다. 그 정리에 대해 페르마가 남긴 메모는 다음과 같다.

> $n \geq 3$일 때, $x^n + y^n = z^n$을 만족하는 자연수 x, y, z는 존재하지 않는다.
> 나는 이 명제에 대해 정말 놀라운 증명 방법을 발견했다. 하지만, 그것을 다 쓰기에는 이 여백이 너무 좁다.

그가 메모에 남긴 '정말 놀라운 증명 방법'이란 도대체 무엇이었을까? 소문이 소문을 낳아 어느 틈엔가 그것은 이렇게 불리게 된다.

페르마의 마지막 정리

누구도 증명하지 못하고 마지막까지 남은 이 정리는 페르마의 사후 350년이 넘도록, 수많은 수학자들의 인생을 미치게 만드는 악마 같은 존재가 된다.

수학 때문에 눈이 먼 오일러

후세의 사람들은 오일러의 죽음을 이렇게 표현했다.
'그 순간, 오일러는 숨 쉬는 것과 계산하는 것을 그만두었다.'

　도전하지 않고는 견딜 수 없게 만드는 메모를 남기고 그 증명 방법도 알려주지 않은 채 사망한 페르마. 그가 세상에서 사라진 지 벌써 100년 남짓한 시간이 흘렀다. 많은 수학자가 노력했지만 그만큼의 시간이 지나는 동안 단 한 사람도 페르마의 마지막 정리의 증명 방법을 알아내지 못했다.

　그러다 1700년대에 그시대 최고의 수학자였던 오일러^{Leonhard} ^{Euler}가 드디어 페르마의 마지막 정리의 돌파구를 열기에 이른다.

　분명히 말해 두지만 오일러는 어설픈 수학자가 아니다!

　그는 계산을 하기 위해 태어났다고 할 정도로 수학의 신이 점지한 천재 수학자였다. '사람이 숨을 쉬는 것처럼, 새가 하늘을 나는 것처럼, 오일러는 계산을 한다'고까지 평가되는 그는 일단 계산 속도가 빠르고, 아무리 긴 계산도 암산으로 간단히 해치울 수 있었다.

또한 '한 손으로 요람을 흔들면서 또 다른 손으로는 수학 논문을 쓴다'고 알려질 만큼 천재적 재능을 한시도 헛되이 사용하지 않고 인생을 통째로 수학에 바쳤다. 그 결과, 그가 살아생전에 남긴 논문은 800개 이상에 달한다. 그것은 지금껏 누구도 깨뜨리지 못한 수학사상 최고의 기록이다. 그 논문들이 수학계에 끼친 공헌과 영향은 감히 헤아리기 어렵다. 뿐만 아니라 오늘날 우리가 사용하고 있는 수학기호($\pi, i, e, \sin\theta, \cos\theta$)의 대부분은 오일러가 정한 것이다.

그렇게 수학적 재능이 넘쳐 순식간에 증명을 이끌어내고 줄줄이 논문을 쓴 오일러이지만, 그가 가진 정말 놀랄 만한 재능은 바로 '집중력'이었다. 그와 관련해 다음과 같은 일화가 전해진다.

오일러가 28세 때, 어느 천문학 문제에 현상금이 걸렸다. 수많은 수학자들이 몇 달에 걸쳐 해결하려고 노력하다가 꼬리를 내릴 만큼 대단히 어려운 문제였지만, 오일러는 밤낮을 가리지 않고 매달려 불과 사흘 만에 해결했다.

오일러는 한 순간도 쉬지 않고 수학을 계속했다. 결국 그 대가로 한쪽 눈의 시력을 잃게 된다. 수학 때문에 실명이 되었는데도 그는 오히려 "덕분에 정신이 산만해지지 않게 되었다. 그래서 전보다 더 수학에 매진할 수 있다"고 말했다.

이처럼 몸이 아픈데도 집중력을 발휘하여 쉬지 않고 수학 논문을 대량생산해 나가던 오일러는 60세가 되었을 때 남은 한쪽 눈마저 시력을 잃게 된다.

그러나 수학을 향한 오일러의 열정은 멈출 줄 몰랐다. 벌써 은퇴하고도 남았을 만큼 나이가 많은데도 그는 점자까지 배웠다. 그리고 시각 장애인이 된 후 오일러의 수학은 오히려 더욱 독창적이며 생산적인 것으로 평가될 정도로 거침없이 향상되었다.

예를 들어, 현대의 컴퓨터에서 흔히들 사용하는 알고리즘적인 계산 방법은 시력을 잃은 오일러가 발명한 것이다. 그가 고안한 방법을 사용하면 도무지 풀릴 것 같지 않은 복잡한 방정식도 풀 수 있다.

우선 대강의 해답을 찾은 다음 그것을 사용해 조금 더 정밀한 해답을 찾아 나가는 행위를 100회쯤 반복해서 그 해의 근삿값을 찾으면 된다.

이처럼 오일러는, 당시로는 기적이라고 할 만큼 획기적인 방법을 시력이 없는 채로 거뜬히 해낸 것이다.

그 시대에 수학은 이미 과학의 도구로 이용되고 있었다. 또한 배의 설계부터 운행에 이르기까지 거의 모든 것이 수학에 기초

해 이루어지고 있었다. 따라서 엄밀한 해답은 아니더라도 실용
적으로는 충분히 사용 가능하며 정확도 높은 답을 낼 수 있는 오
일러의 계산 방식은 당시 사람들의 생활에 참으로 가치 있는 것
이었다.

이처럼 수학에 대한 열정으로 살았던 오일러는 70세를 넘기고
죽음을 맞이한다. 사망 당일까지 수학 연구에 몰두했다던 오일
러의 죽음을 향해 후세의 사람들은 다음과 같이 표현했다.

그 순간, 오일러는 숨 쉬는 것과 계산하는 것을 그만두었다.

그렇게 인생 전부를 수학에 쏟아부은 천재 수학자 오일러가 페
르마의 마지막 정리의 증명에 도전해 첫 돌파구를 연 것이다.

애당초 페르마의 마지막 정리란 이러했다.

$$x^3 + y^3 = z^3$$
$$x^4 + y^4 = z^4$$
$$x^5 + y^5 = z^5$$
$$\vdots$$

이렇게 무한히 계속되는 방정식에 대해 각각 '해가 없다(x, y, z
에 해당하는 숫자는 없다)'는 것을 서술한 것이다. 여기서 오일러는
하나의 방정식에 대해 그것을 만족하는 해가 없다는 것을 증명

하고, 그것이 다른 방정식에서도 성립됨을 보이는 전략으로 문제를 해결하려고 했다.

그런데 페르마는 그의 마지막 정리에 대한 또 다른 메모에서 $n=4$인 경우의 증명 힌트를 남겨 놓았다. 즉, '$x^4+y^4=z^4$을 만족하는 자연수 x, y, z는 존재하지 않는다'를 증명하기 위한 실마리를 적어 놓았던 것이다.

페르마가 남긴 힌트에 의지해 오일러는 $n=4$인 경우의 증명 방법을 발견하는 데 성공한다. 그리고 그 방법을 이용해 $n=3$일 때를 증명하려고 했지만 그리 쉽지는 않았다. 그러나 오일러는 허수단위(제곱하면 -1이 되는 수)를 도입함으로써 순조롭게 $n=3$일 때에 대해서도 증명 방법을 발견했다.

이렇게 해서 $n=3$, $n=4$일 때에 대해서는 페르마의 마지막 정리가 증명된 셈이다. 그런데 사실 이것은 각각의 배수에 대해서도 마찬가지로 성립한다. 즉, $n=3$에 대하여 증명했다는 말은 그 배수인 $n=6, 9, 12, 15, \cdots$에 대해서도 자동적으로 증명된 것이다. 물론 $n=4$ 역시 그 배수인 $n=8, 12, 16, 20, \cdots$에 대해서도 증명한 셈이다.

그럼 여기서 '모든 정수는 소수의 배수로 표현할 수 있다'는 정리에 주목하자. 소수란 5, 7, 11 등 '1과 자기 자신으로만 나누어떨어지는 수'를 말한다. 사실 어떤 수이든 다음과 같이 반드시 소수의 곱셈으로 표현할 수 있다.

$$15 = 3 \times 5$$

$$117 = 3 \times 3 \times 13$$

즉 이 정리는 모든 숫자가 어떠한 소수의 배수임을 의미한다.

따라서 페르마의 마지막 정리는 n이 3, 4, 5, 6, 7, …처럼 일일이 모든 숫자에 대해 증명할 필요 없이 3, 5, 7, 11,…인 경우와 같이 n이 '소수'일 때만 증명하면 되는 것이다. 소수의 경우를 증명할 수 있으면 그 이외의 숫자는 전부 소수의 배수로 자동적으로 증명이 가능하기 때문이다.

이렇게 오일러는 'n이 소수일 때, 정리가 성립하는 것만 증명하면 된다'는 것으로 페르마의 마지막 정리의 증명을 따라잡는 데 성공했다. 그러나 그런 천재도 결국 증명을 단념하고, 무릎 꿇을 수밖에 없었다. 더 이상 증명을 이어갈 수 없었던 것이다.

그 후 수학계는 증명의 바통을 이어받을 수학자의 등장을 기다리게 된다. 그때까지 페르마의 마지막 정리는 조용한 잠에 빠져 있어야 했다.

소피의 모험

수학이란, 자신의 생사조차 잊어버릴 만큼 매력적인 학문일까?
어쩌면 이것이 내 인생의 전부를 거는 데 적합한 그 무엇인지도!

　페르마의 사후 100여 년 동안 페르마의 마지막 정리에 많은 수학자가 도전했지만 이렇다 할 성과를 냈던 사람은 수학의 신이 낳은 오일러뿐이었다. 하지만, 그런 그도 완전히 증명한 것은 아니었다. 단지 'n이 3일 때' 'n이 4일 때'처럼 한정된 경우에 대해서만 증명한 것에 지나지 않았다.

　그로부터 반세기가 더 지나 페르마의 마지막 정리의 문을 다시 연 사람은 소피 제르맹Marie-Sophie Germain이다.

　프랑스에서 부유한 상인의 딸로 태어난 소피는 아버지의 경제적 성공으로 아무것도 하지 않고 부족할 것 없는 인생을 보낼 수 있었을 것이다. 부유한 가정의 조신한 숙녀, 그것이 소피의 모습이었다.

그러나 나중에 페르마의 마지막 정리 '제2의 문'을 열 정도로 총명했던 그녀는, 모든 것을 다 갖추었지만 앞이 보이지 않는 뿌연 한증막 같은 인생에 늘 의문을 품고 있었다. 어쩌면 마음의 저 밑바닥에서부터 뜨겁게 끓어올라, 평생을 바쳐서라도 후회하지 않을 무언가를 간절히 찾고 있었는지도 모른다.

평범한 나날을 보내던 소피는 어느 날 한 권의 책을 만난다. 아버지의 서재에서 읽을거리를 찾다가 들게 된 《수학의 역사》에는 난해한 수학적인 내용이 가득했지만 어느 수학자의 이야기에 그녀는 온통 마음이 끌렸다. 바로 아르키메데스의 이야기였다.

아르키메데스의 말년, 그가 살던 시라쿠사에 로마군이 쳐들어왔다. 그는 늘 하던 대로 땅바닥에 수학 문제를 쓰고 그것을 푸는 데 열중하고 있었다. 마을 사람들은 모두 도망쳐 버렸지만, 아르키메데스만은 그 자리에서 꼼짝하지 않고 문제에 매달렸다. 그러다가 결국 로마 병사의 손에 죽음을 맞이했던 것이다.

소피는 그 이야기에 감동 받았다.

'수학이란, 자신의 생사조차 잊어버릴 만큼 매력적인 학문일까? 아르키메데스가 그토록 열중했던 수학이란 것이 어쩌면 내 인생의 전부를 거는 데 적합한 그 무엇인지도!'

그렇게 그녀의 인생 목표는 정해졌다. 그때부터 소피는 수학자가 되는 꿈을 꾼다.

그러나 당시는 여성에게 학문은 필요 없다고 여기던 차별과 편견의 시대였다. 특히 그녀의 모국인 프랑스는 그런 경향이 더 강했다. 물론 소피의 부모도 그녀가 학문에 뛰어드는 것을 결코 달가워하지 않았다.

'우리 딸은 그릇된 길로 접어들려고 한다. 이대로는 여성으로서의 일생을 헛되이 낭비하고 말 것이다.'

이렇게 생각한 소피의 부모는 그녀가 공부를 하지 못하도록 감시하고, 밤에는 방에서 전등과 난로도 치워 버렸다.

그러나 그 정도로는 포기할 수 없었다. 그녀는 침실에 양초를 몰래 가지고 들어가 어두운 방에서 오들오들 떨면서 부모님 눈을 피해 틈틈이 수학을 공부하기 시작했다.

소피가 10대 후반이 되었을 무렵, 파리에 수학을 배울 수 있는 학교가 신설되었다. 그녀는 그곳에 들어가 수학 공부를 계속하고 싶었다. 하지만, '여자의 머리로는 수학을 도저히 이해할 수 없다'고 할 정도로 편견이 심했던 시대인지라 입학할 수 있는 것은 남자들뿐이었다.

소피는 이러한 현실에 굴하지 않고 그 학교에 재적했던 '르블랑'이라는 남자아이의 이름을 빌려 학교에 잠입하는 데 성공한다. 그리고 수학 교재와 문제집까지 손에 넣어, 르블랑의 이름으로 리포트도 제출한다.

당연히 그런 위장생활은 오래가지 못했다. 소피가 평범한 학생이었다면 들키지 않고 무사히 지내는 것이 가능했을지도 모른다. 하지만 그녀의 리포트 속에 나타난 비범함을 알아본 교수 라그랑주^{Joseph Louis Lagrange}가 르블랑을 교수실로 호출하게 된다.

19세기 최고의 수학자라고 불리던 라그랑주는, 독창적이면서도 재기 넘치는 수학자 지망생을 불러 칭찬해 주려고 했던 것이지만 막상 눈앞에 나타난 학생이 여자라는 것을 알고 입을 다물지 못했다.

"죄, 죄송합니다! 저는 사실 여학생입니다. 하지만, 어떻게든 수학을 공부하고 싶어서요. 그게 저⋯⋯."

금녀의 장소에 소녀가 혼자 몸으로 몰래 숨어든, 마치 만화와도 같은 상황에 라그랑주는 당황했지만 소피의 수학에 대한 뜨거운 의지에 감동해, 쫓아내기는커녕 오히려 그녀의 지도자가 될 것을 약속했다.

이렇게 해서 소피는 라그랑주의 지도로 수학 실력을 갈고 닦을 수 있었다. 그리고 몇 년에 걸쳐 드디어 페르마의 마지막 정리 '제2의 문'을 연다. 제1의 문을 연 오일러 이후, 반세기 동안 전혀 진전이 없었으니까 소피의 성과는 타는 목을 시원하게 적셔준 셈이었다.

소피는 이 성과를 가우스^{Carl Friedrich Gauss}에게 편지로 알렸다.

당시 가우스는 수학왕으로 불리며 '수학 역사상 가장 뛰어난 수학자'라고 평가될 정도로 위대한 수학자였으며 다른 수학자들에게는 신과 같은 존재였다. 소피에게 있어서도 신과 같은 존재였던 가우스에게 그녀는 매우 조심스러운 내용의 편지를 보낸다.

'저처럼 부족한 사람이 감히 편지를 올려 당신 같은 천재를 번거롭게 해드렸군요. 제가 얼마나 제멋대로이고 무분별하게 느껴지시겠습니까. 정말 부끄럽습니다.'

소피는 자신이 여자라고 하면 가우스가 상대도 해 주지 않을까 두려워 또다시 르블랑이라는 이름으로 편지를 보냈다.

가우스는 르블랑이라는 청년한테서 온 '페르마의 마지막 정리의 새로운 연구 성과'에 깊은 감명을 받았다. 그리고 그의 통찰력과 지성을 극찬하며 '멋진 친구를 얻은 것을 기쁘게 생각한다'고 반가운 답장을 한다. 이렇게 가우스와 르블랑은 친구가 되고 그들의 서신 교환이 본격적으로 시작되었다.

그러나 르블랑의 정체는 어떤 사건을 계기로 드러나고 만다.

1806년, 나폴레옹이 인솔하는 프랑스군이 독일에 전쟁을 걸었다. 프랑스군이 가우스가 있는 독일로 쳐들어간다는 이야기를 들은 소피의 뇌리에 아르키메데스의 일화가 스쳐지나갔다. 프랑스군이 진군하면 전쟁으로 마을은 혼란에 빠질 것이다. 그리고 가우스는 수학에 열중한 나머지 군대가 쳐들어와도 대피하지 못하고 총살당하게 될 것이다.

"안 돼, 가우스 님이 죽게 놔두어선 안 돼!"

가우스의 신변을 걱정한 소피는 프랑스군 지휘관에게 편지를 보내어 가우스의 안전을 보장해달라고 부탁했다. 실제로 그 지휘관은 가우스를 위해 특별한 계획을 짜주고는 그만, "목숨을 건지셨군요. 소피 양 덕분이네요"라고 하지 않아도 될 말을 하고 말았다.

이것을 계기로 르블랑의 정체가 탄로 나고 소피는 가우스에게 사과의 편지를 보낸다.

가우스는 수학의 서신 교환 상대가 여자였다는 것에 놀라긴 했지만, 그래도 변함없는 우정을 맹세하는 답장을 보낸다.

이렇게 정체를 들키고 나서도 소피는 가우스와 편지를 주고받게 된다. 선망의 대상이었던 수학왕한테서 인정을 받은 소피에게 이 시기는 수학자이자 여성으로서 어쩌면 행복의 절정이었는지도 모른다.

하지만, 그 후 가우스는 흥미의 대상이 소피가 연구하는 분야와는 다른 방면으로 옮겨져 편지의 답장을 해 줄 수 없게 되었다.

갑자기 가우스로부터 소식이 뚝 끊긴 소피는 큰 충격에 빠진 나머지 수학을 그만둘 결심을 한다.

지금까지 수학자가 되기 위해 아무리 절망적인 상황도 뛰어넘었던 소피가 수학을 버릴 정도였으니 그녀 안에서 가우스가 얼마나 커다란 존재였는지 그녀의 안타까운 마음을 생각하면 가슴이 아프다.

그렇다면, 소피는 페르마의 마지막 정리에 어떤 진전을 가져왔을까?

앞에서 페르마의 마지막 정리는 오일러의 증명 이후 'n이 소수일 때 성립된다'는 것만 증명하면 된다고 했다. 여기서 한 번 더 간단히 설명해 보자. 원래 페르마의 마지막 정리는 이러했다.

$$n=3일 \ 때 \ x^3+y^3=z^3$$
$$n=4일 \ 때 \ x^4+y^4=z^4$$
$$n=5일 \ 때 \ x^5+y^5=z^5$$
$$\vdots$$

이렇게 무한히 계속되는 방정식에서 'x, y, z에 자연수의 해가 없다'고 주장하는 것인데, 실제로 모든 n에 대해서 일일이 증명할 필요는 없다. 이를테면 $n=3$일 때가 증명되면 자동적으로 3의 배수($n=6, 9, 12, 15, \cdots$)에 대해서도 증명된 것이나 다름없다.

그리고 모든 수는 소수(1과 자기 자신으로만 나누어떨어지는 수)의 배수로 표현할 수 있으니까 모든 수에 대해 증명하지 않더라도 n이 소수일 때만 증명할 수 있으면 된다는 이야기였다.

그런데 소수 역시 무한히 존재한다. 하지만, 소수에는 '1과 자기 자신으로만 나누어떨어진다'는, 보통의 수에 없는 특수한 성질이 있다. 어쩌면 이것을 계기로 어떤 진전이 있을지도 모른다.

그래서 소피는 n이 소수일 때 페르마의 방정식이 어떤 성질을 갖는가를 조사했다. 그 결과 페르마의 마지막 정리 자체를 증명하는 데까지는 이르지 못했지만, 소수와 페르마의 마지막 정리의 관계에 대해서 후세에 이어질 새로운 연구 성과를 낳았다. 그리고 그것을 토대로 다른 수학자들이 $n=5$인 경우와 $n=7$인 경우에 대해 페르마의 마지막 정리가 성립된다는 것을 증명했다.

적어도 오일러 이후, 반세기에 걸쳐 한 발짝의 진전도 없던 페르마의 마지막 정리에 소피가 돌파구를 열었던 것만은 분명하다.

그녀의 연구 성과는 수많은 수학자들에게 바통을 넘기며 새로운 수학자들이 페르마의 마지막 정리에 도전하는 계기가 된다.

그런데 실의의 밑바닥에서 허우적대며 수학을 그만두었던 소피는 그 후 심기일전해 물리학자의 길로 접어든 뒤 여기서도 커다란 공적을 남긴다.

하지만 그런 소피에게 과학계는 명예를 수여하기는커녕 거들

떠보지도 않았다. 당시 물리학의 세계 역시 여성에 대한 차별과 편견이 파다하던 바닥이었으니까. 소피처럼 과학 발전에 커다란 공헌을 한 여성을 가볍게 여긴 점은, 후세 사람들의 입에 과학사에 있어서 '오점' 내지는 '수치'라는 말까지 오르내리게 했다.

그렇지만 그녀를 인정해 주었던 사람이 당시에 단 한 사람도 없었던 것은 아니다. 소피의 눈부신 업적에 걸맞은 명예가 주어지지 못했다고 느껴 그녀에게 명예박사학위를 수여하도록 괴팅겐 대학에 투고한 인물이 있었다.

그 사람은 바로……, 가우스였다.

하지만 소피는 그 명예를 거머쥐기도 전에 유방암으로 세상을 떠나고 만다. 조금만 더 살아서 가우스가 보내온 선물을 보았다면 소피는 얼마나 기뻐했을까.

라메와 코시의 경쟁

학문의 새로운 발견에 대한 경주는 때로 잔혹하다.
또한 승리의 월계관은 항상 1위에게만 주어진다.

여성학자 소피는 '소수'와 '페르마의 마지막 정리'의 관계에 대해 연구를 거듭해 수학계에 새로운 견지를 가져왔다. 그런 소피의 연구 성과를 계기로 잠잠히 가라앉아 있던 페르마의 마지막 정리가 단숨에 진전을 보이게 된다.

우선 디리클레$^{\text{Peter Gustav Lejeune Dirichlet}}$가 소피의 성과를 확장하여 $n=5$일 때, 페르마의 마지막 정리가 성립된다는 것을 증명하는 데 성공한다. 그리고 다시 라메$^{\text{Gabriel Lamé}}$가 소피의 성과를 개량해 $n=7$일 때도 마지막 정리가 성립됨을 증명하기에 이른다.

이렇게 수학자들은 소피의 연구 성과를 발판 삼아 다양한 소수에 대해 마지막 정리의 증명 방법을 발견한다. 한 번 더 불이 붙은 것이다!

각각의 소수($n=3, 5, 7$)에 대해 페르마의 마지막 정리의 증명 방법은 알 수 있었다. 이제 남은 것은, 그 증명 방법이 모든 소수에서 성립하도록 어떻게든 개량하면 되는 것이다.

물론 그것은 매우 어려운 주문이다. 하지만 이런 상태로 나간다면 가까운 시일 안에 증명도 해낼 수 있을 것 같았다!

페르마가 메모를 남긴 지 이미 200년이 넘는 세월이 흘렀다. 이쯤 되면 페르마의 마지막 정리에 마침표를 찍어도 되지 않을까? 그렇게 생각한 수학계는 수학자들에게 젖 먹던 힘을 내게 하려고 페르마의 마지막 정리의 증명에 금메달과 막대한 현상금을 걸었다. 정리를 증명한 자에게는 수학계가 손수, 부와 명성을 부여해 준다는 것이다.

내로라하는 우수한 수학자들이 페르마의 마지막 정리의 증명에 손을 대기 시작했다. 수학계는 '누가 페르마의 마지막 정리를 증명하는가' '기존의 천재 수학자들의 심기를 불편하게 하고 자극했던 전설의 정리를 증명한다는 최고의 영예와, 막대한 현상금을 누가 손에 넣을 것인가' 하는 소문으로 들썩였다.

그러던 어느 날, $n=7$에 대한 증명을 해낸 라메가 수학자들이 모이는 강연장에서 머지않아 페르마의 마지막 정리를 증명할 수 있다고 선언했다.

"현재, 아직 불완전한 부분이 있어 완벽한 증명이라고는 할 수 없지만 수주일 내에 완전한 증명을 발표할 것입니다!"

"잠깐만요!"

라메의 당당한 선언에 코시$^{\text{Augustin Louis, Baron Cauchy}}$가 손을 들었다. 라메와 함께 프랑스를 대표하는 우수한 수학자였던 코시는 청중을 향해 말했다.

"저도 라메와 거의 같은 방식으로 페르마의 마지막 정리 증명에 착수했습니다! 그리고 앞으로 몇 주 안에 완전한 증명을 발표할 예정입니다!"

강연장은 술렁이기 시작했다. 프랑스 수학계를 대표하는 우수한 두 명의 수학자가 동시에 '수주일 내에 증명을 해 보이겠다'고 선언했으니. 이것은 그 말 많던 페르마의 마지막 정리도 끝을 보일 때가 다가왔음을 예고한 것이었고, 이제 증명은 시간문제인 것처럼 보였다. 누구도 그것을 의심하지 않았다.

그 후 증명의 일부인 논문을 두 사람이 정식으로 발표했다. 그 때문에 기대는 한층 더 고조되어 수학계는 이 두 사람의 경쟁이 끝나는 행방을 숨죽이고 지켜보았다.

'과연 페르마의 마지막 정리를 증명해 수학자로서 최고의 영예를 거머쥘 자는 라메일까, 코시일까? 막대한 현상금을 얻는 것은 어느 쪽일까?'

그 영예와 상금은 먼저 증명을 발표한 쪽에게만 돌아간다. 당연한 이야기지만 한발 늦은 쪽에는 아무것도 주어지지 않는다. 예를 들어, 페르마의 마지막 정리의 증명 방법을 발견하더라도 상대에게 한 시간이라도 증명이 뒤처지면 그 성과는 물거품이 된다. 그리고 정리를 해결했다는 영예는 모두 상대의 차지가 된다.

학문의 새로운 발견에 대한 경주는 때로 잔혹하다. 또한 승리의 월계관은 항상 1위에게만 주어진다. 그렇게 생각하면 라메도 코시도 웃는 게 웃는 게 아니었을 것이다. 밥을 먹거나 화장실에서 볼일을 보는 순간, 심지어 잠자는 동안에도 그들은 증명을 완성하고 있었는지도 모른다.

'상대방은 이미 논문 요약 단계로 접어들었는지도 모른다!'

둘 다 그런 불안에 쫓기면서 잠이 들지 못하는 나날을 보내며 필사적으로 식에 매달리지는 않았을까?

실제로 라메와 코시도 각자 증명의 아이디어를 적은 비밀 편지를 프랑스 수학계에 보낸다. 그것은 결론이 날 때까지는 열지 말았으면 하고 봉해진 편지였다. 만에 하나 상대가 먼저 완벽한 증명을 발표해 한발 놓쳤다고 해도 이렇게 사전에 보낸 편지를 이용해서 주장할 속셈이었던 것이다.

'증명을 발표한 것은 그쪽이 먼저지만, 큰 덩어리가 되는 아이

디어는 내가 먼저 생각해냈지!'

라메는 소피의 연구를 이어받아 $n=7$일 때의 페르마의 마지막 정리 증명에 성공한 실적이 있다. 그렇기 때문에 라메는 자신의 손으로 직접 마지막 정리의 증명을 완성하고 싶었을 것이다.

한편 코시는 어린 시절, 소피의 스승인 라그랑주가 '그는 장래에 대수학자가 될 것이다'라고 할 만큼 신동이었다. 그리고 실제로 '프랑스의 가우스'라고 불릴 정도로 대수학자가 되었다. 때문에 자존심을 걸고 라메에게 질 수는 없는 노릇이었다.

페르마 이후 수많은 수학자들이 수없이 오르려 했던 페르마의 마지막 정리라는 산. 같은 정상을 바라보면서 수학자들이 다양한 방법으로 오르려고 했으나 그 모든 등정을 허락하지 않았던 세계에서 제일 오르기 힘든 산.

"그 정상에 내가 한발 앞서간다! 수학계의 정상에 서는 것은 바로 이 몸이시다!"

하지만 그런 그들의 경쟁에 종지부를 찍은 것은 '증명의 완성'이 아니라 독일에서 도착한 한 통의 편지였다.

쿠머의 지적

신은 자연수를 만들었고, 그 밖의 모든 것은 사람이 만든 것이다.

-레오폴트 크로네커

"이제 조금만 있으면 페르마의 마지막 정리를 증명할 수 있다"고 선언한 라메와 코시. 프랑스 수학계는 두 천재 수학자의 솜씨를 기대하며 목이 빠져라 증명을 기다리고 있었다. 그때 독일에서 한 통의 충격적인 편지가 날아든다. 그 편지는 $n=5$인 경우에 대해 페르마의 마지막 정리를 증명한 디리클레의 제자, 쿠머$^{\text{Ernst Eduard Kummer}}$로부터 온 것이었다.

쿠머는 라메나 코시에 필적할 만큼 뛰어난 수학적 재능을 가진 인물이었다. 그런데 어릴 때 조국이 프랑스(나폴레옹)에게 공격당해 아버지를 잃고 몹시 가난한 환경에서 자란 어두운 과거가 있었다. 그 때문에 그는 자신의 수학적 재능을 조국을 지키는

데 사용할 것을 결의하고 모든 지성을 수학이 아니라 포탄의 탄도 계산에 쏟아부었다. 그러나 그런 쿠머였기 때문에 순수한 수학에 대한 생각이 나날이 강해진 것은 아닐까.

어느 날 쿠머는 우연한 기회에 라메와 코시가 페르마의 마지막 정리를 두고 증명의 경쟁을 하고 있다는 이야기를 전해 듣는다. 흥미를 느낀 쿠머는 그 경쟁의 경위와 두 사람이 밝힌 눈곱만큼의 개략적인 증명에 의지해 자기 나름대로 조사해 보기로 했다.

어떻게 되었을까? 쿠머는 둘의 증명 방법에 치명적인 결함이 있다는 것을 발견했다.

이렇게 해서 페르마의 마지막 정리의 증명에 관한 경쟁에 종지부를 찍은 역사적인 편지가 쓰이게 된다. 그 편지의 내용은 다음과 같다.

> 라메와 코시가 페르마의 마지막 정리를 증명하려고 하는데 그들의 방법에는 소인수분해의 일의성이 성립되지 않습니다. 그 문제를 해결하지 않는 한, 그런 방식으로 페르마의 마지막 정리를 증명할 수 있다는 희망은 보이지 않습니다.

그럼 여기에 쓰인 '소인수분해의 일의성'이라는 게 무엇일까? 간단히 말하면 다음과 같다.

어떤 숫자도 '소수의 곱셈'으로 나타낼 수 있지만, 그 '조합'은

한 가지밖에 없다.

이를테면 18이라는 숫자는 $18 = 2 \times 3 \times 3$으로 표현할 수 있는데 그 이외의 소수의 곱셈으로는 18을 만들 수 없다. 즉 18이라는 숫자를 만들 수 있는 소수의 곱셈 조합은 $2 \times 3 \times 3$ 한 가지밖에 없다는 것이다. 이것은 어떤 숫자에 적용하든 마찬가지다. 이런 것을 '소인수분해의 일의성'이라고 부르는데 수학에서는 기본정리라고 불릴 만큼 당연한 것이며 이미 증명이 끝난 상식이다.

하지만 쿠머는 그 수학의 상식이 라메와 코시의 증명에서는 성립되지 않는다고 지적했다. 그 이유는 무엇일까?

그것은 바로 라메와 코시의 증명에 허수가 포함되었기 때문이다.

허수란 '$\sqrt{-1}$(제곱하면 −1이 되는 수)'이 기본단위로 이 허수의 존재를 허락하면 소인수분해의 일의성은 성립되지 않는다. 이를테면 18은 $2 \times 3 \times 3$이란 소수의 곱셈으로 표현할 수 있고 그 조합은 한 가지밖에 없는데, 허수가 허용된다면 다음과 같은 소수의 곱셈이 만들어진다.

$$18 = \left(1 + \sqrt{-17} \right) \times \left(1 - \sqrt{-17} \right)$$

계산이 조금 복잡하지만 어쨌든 이것을 계산하면 분명히 18이 된다. 그리고 $1 + \sqrt{-17}$이라는 숫자는 1과 자기 자신 이외에 나누어떨어지는 수가 없으므로 '소수'로 간주할 수 있다. 따라서 18이 되는 소수의 곱셈 조합이 또 하나 발견되어 유일성에 어긋난다.

결국 이렇게 허수를 도입하면 '소인수분해의 일의성이 성립되지 않는다'는 결론에 도달한다.

그런데 라메와 코시가 시도했던 증명의 기본 아이디어는 마지막 정리의 방정식을 소수의 곱셈으로 분해해 푸는 것이었다. 단, 무리하게 소수의 곱셈으로 분해했기 때문에 허수가 나오지 않을 수 없었다. 그러나 허수가 나오면 앞서 언급한 일의성을 충족할 수 없다.

자세한 것은 생략하고 요지만 말하자면, 라메와 코시의 증명 방법에서는 이 일의성의 전제가 충족되지 않으면 증명은 의미를 갖지 못하는 것이다.

> 라메와 코시의 방법은 얼핏 보면 잘 되어가는 듯하지만, 증명 과정에서 허수를 사용하기 때문에 지금까지 당연했던 일의성의 전제가 무효가 됩니다. 결국, 그들의 증명도 무효가 되는 것입니다.

하지만 쿠머의 위대한 점은 이제부터 시작이었다.

쿠머는 "너희들의 방식으로는 불가능해"라고 일의성의 문제를 지적했을 뿐만 아니라 그 문제를 회피하는 방법 – 일의성을 부활시키는 방법 – 에 대해서도 동시에 생각해냈다. 그리고 그 방법은 놀랄 만큼 독창적이고 획기적인 것이었다. 쿠머는 대담하게도 일의성을 갖지 않은 2나 3, $1+\sqrt{-17}$은 진짜 소수가 아니라고 생각했던 것이다.

조금 더 생각해 보자. 우선, 애초에 소수 이외의 수도 포함하면 어떤 수를 만들기 위한 '곱셈의 조합'에는 여러 방법이 존재한다. 예를 들어 18은 다음과 같이 나타낼 수 있다.

$$18 = 2 \times 9 = 3 \times 6$$

여기서 9나 6은 소수가 아니지만, 이것을 소수로 분해하면 $2 \times 3 \times 3$이라는 똑같은 소수의 곱셈 한 쌍이 나온다.

$$2 \times 9 = 2 \times (3 \times 3) = 2 \times 3 \times 3$$
$$3 \times 6 = 3 \times (2 \times 3) = 2 \times 3 \times 3$$

즉, 어떤 수를 나타내는 '곱셈식'이 있을 때 그것을 소수로 차례차례 분해해나가면 언젠가 반드시 공통된 소수의 곱셈이 한 쌍 나온다는 것이다.

이제 처음의 이야기로 다시 돌아와서 허수라는 새로운 개념을 가져오면 18은 다음과 같이 된다.

$$18 = 2 \times 3 \times 3 = \left(1 + \sqrt{-17}\right) \times \left(1 - \sqrt{-17}\right)$$

이렇듯 두 종류의 소수 곱셈의 조합이 나와 일의성이 충족되지 않는 문제가 일어난다. 여기서 쿠머는 다음과 같이 생각했다.

'그럼 차라리 2나 3, $1+\sqrt{-17}$ 은 진짜 소수가 아니라고 생각하면 어떨까? 즉, 일의성을 충족하지 않는 2, 3, $1+\sqrt{-17}$ 은 사실 거짓 소수이며 일의성을 충족하는 이상적인 소수가 존재한다고 해 보자.'

물론 그런 이상적인 소수 같은 것은 현실에 존재하지 않는다. 하지만 있다고 가정하여 억지로 그런 수를 도입하는 것은 수학적으로 전혀 문제없는 일이기도 하다.

가령 허수를 떠올려 보자. '제곱해서 −1이 되는 수' 같은 것이 현실에는 존재하지 않지만 수학에서는 있다고 가정하고 허수단위 $i(=\sqrt{-1})$를 도입하고 있다. 그러니까 그와 똑같이 '일의성을 충족하는 이상적인 소수' 역시 존재한다고 가정해도 무방한 것이다.

그렇게 하면 2나 3, $1+\sqrt{-17}$ 은 나아가 '이상적인 소수'로 분해할 수 있다. 따라서 $2\times3\times3$과 $\left(1+\sqrt{-17}\right)\times\left(1-\sqrt{-17}\right)$의 곱셈식은 최종적으로 다음과 같이 된다.

$2\times3\times3=$ 이상적인 소수의 곱셈 A

$\left(1+\sqrt{-17}\right)\times\left(1-\sqrt{-17}\right)=$ 이상적인 소수의 곱셈 A

즉 이상적인 소수라는 것을 제멋대로 정의하면 위의 두 종류의 곱셈식은 한 종류의 이상적인 소수의 곱셈식으로 표현할 수 있다. 그리고 이상적인 소수의 곱셈식이 한 쌍만 나오니까 '소인수 분해의 일의성은 성립된다!'라고 단언할 수 있다.

누군가는 이것이 너무 억지인데다 임기응변식의 해결 방법이라고 여길지도 모르겠다. 그러나 애초에 '허수'라는 있을 수 없는 숫자를 도입한 것부터가 원인이니까, 해결책으로 '이상적인 소수'라는 있을 수 없는 숫자를 더 끌어 들이는 발상도 그리 나쁘지 않을 것이다.

이렇듯 쿠머는 '이상수(이상적인 소수)'라는 새로운 아이디어를 도입해 일의성의 문제를 회피할 수 있다는 것을 나타냈다. 그것은 결국 라메와 코시의 방식을 부활시킬 수 있다는 것을 의미하기도 한다.

하지만 냉정했던 쿠머는 이처럼 획기적인 해결 방법을 발견하고도 결코 라메나 코시처럼 들떠서 '이런 방법으로 페르마의 마지막 정리를 증명할 수 있습니다!'라고는 말하지 않았다. 그러기는커녕 이 이상수 도입 방식에서도 일의성의 문제를 피할 수 없는 경우가 있지는 않을까 의심하고 다양한 경우에 대해서 엄밀하게 분석했다.

그 결과 페르마의 마지막 정리에서 $n=37$인 경우에 이상수를 도입해도 일의성의 문제를 회피할 수 없다는 것을 발견했다. 나아가 $n=59, 67$에 대해서도 마찬가지임을 알아냈다.

쿠머는 일의성의 문제를 회피할 수 없는 기묘한 소수를 '비정칙소수'라고 이름 붙였다. 즉 쿠머의 방법은 n이 비정칙소수인 경우에 대해서는 통용되지 않는 것이다. 그리고 최대의 문제는 이 비정칙소수는 37, 59, 67만이 아니라 무한히 존재한다는 것에 있었다. 무한히 존재하니까 '37인 경우' '59인 경우'라고 개별적으로 접근해도 결말이 나지 않는다. 그렇다면 'n이 비정칙소수인 경우'라는 관점에서 대강 접근하는 수밖에 없다. 하지만, 그것에 대해 쿠머는 냉정하게 '비정칙소수라는 묘한 소수를 대략 다루는 것은 매우 곤란하며 현재의 수학에서는 무리가 있다'는 것을 밝혀냈다.

결국 쿠머의 모든 주장을 간단히 요약하면 다음과 같다.

- 허수를 도입하면 소인수분해의 일의성이 성립되지 않는다.
- 그러나 이상수를 끌어 들이면 그 문제를 회피할 수 있다.
- 하지만 n이 비정칙소수인 경우에는 역시 피할 수 없다.
- 비정칙소수를 다루는 방법은 현재의 수학에는 존재하지 않는다.

길게 이야기하고는 있지만, 어쨌든 라메와 코시의 방식으로 페르마의 마지막 정리를 풀 수 없다는 결론에는 변함이 없다. 이런 쿠머의 지적에 라메와 코시, 그리고 증명을 학수고대하던 수학계는 입이 다물어지지 않았다.

'전설의 마지막 정리가 머지않아 증명됩니다! 이제 초읽기 단계입니다! 자, 영예의 월계관은 라메와 코시 중 누가 쓰게 될까요?'

이렇듯 분위기가 한층 고조된 시점에, "과연 그렇게 말할 수 있을까요? 그런 방법이라면 무리이니까요"라고 쿠머는 완전히 부정해 버린 것이다.

라메는 바로 꼬리를 내렸으며, 코시는 한참 동안이나 더 매달려봤지만 역시 쿠머의 지적을 넘어서기란 불가능했다.

결국 프랑스가 자랑하는 두 천재가 침묵함으로써 페르마의 마지막 정리에 걸려 있던 메달과 현상금은 '해당하는 자 없음'으로 막을 내린다. 대신에 페르마의 마지막 정리에 대해 훌륭한 연구를 남긴 쿠머에게 메달이 수여되었다.

증명까지 불과 한 걸음을 남겨두고 있다고 믿었던 페르마의 마지막 정리는 마치 수학자들을 조롱하기라도 하듯이 증명 직전에 얼굴을 싹 바꾸어 다시 '증명은 절망적'이라는 심해의 밑바닥으로 가라앉아 버렸다. 그 깊은 어둠 속에서 페르마의 마지막 정리는 50년 동안 더 잠들어 있게 된다.

수학 배틀

잠깐 쉬는 시간이다. 이 칼럼에서는 페르마의 마지막 정리에서 잠깐 벗어나 'n차방정식의 해의 공식'에 관한 이야기를 소개하고자 한다.

우선, n차방정식이란 무엇일까? 그것은 다음과 같은 식을 의미한다.

$$ax + b = 0 \qquad \cdots \text{1차방정식}$$

$$ax^2 + bx + c = 0 \qquad \cdots \text{2차방정식}$$

$$ax^3 + bx^2 + cx + d = 0 \qquad \cdots \text{3차방정식}$$

$$ax^4 + bx^3 + cx^2 + dx + e = 0 \qquad \cdots \text{4차방정식}$$

(a, b, c, d, e는 임의의 실수. 단 $a \neq 0$)

요컨대 3차방정식이란 x^3을 포함하는 식을 말하며 4차방정식이란 x^4을 포함하는 식이라고 생각해두면 될 것이다. 물론 4차방정식에서 끝나는 것이 아니라 5차방정식(x^5을 포함하는 식), 6차방정식(x^6을 포함하는 식) 등으로 차수(n)를 무한히 늘려 n차방정식을 만들 수도 있다.

그런데 이들 방정식에는 x의 값을 이끌어내기 위한 해의 공식이 존재한다. 이를테면 2차방정식의 해의 공식은 다음과 같다.

$$x = \frac{-b \pm \sqrt{b^2 - 4ac}}{2a}$$

위의 공식은 학교 수업에서 배우는 것이라서 기억이 나는 사람도 많을 것이다. 이러한 공식의 재미난 점은 a, b, c의 값을 여러 가지로 바꿔서 어떤 형태의 방정식을 만들든지 하나의 공식을 적용하는 것만으로 답이 한 번에 도출된다는 것이다.

여기서 잠깐 상상해 보자. 만약, 해의 공식을 몰랐다고 가정하고 $2x^2 - 11x + 5 = 0$이라는 식에 해당하는 x의 값을 찾으려고 한다면 어떻게 해야 할까? 공식을 알고 있으면 간단히 풀어 버리겠지만 모른다면 어떻게 풀어야 좋을지 막연할 것이다. 적어도 답을 발견하기 위해 시행착오를 겪고 시간도 엄청나게 걸릴 것이 분명하다. 이렇게 방정식을 풀 때 해의 공식을 알고 있는지 아닌지에 따라 큰 차이가 발생한다.

오늘날 해의 공식은 도서관에서 수학책만 펼치면 얼마든지 볼 수 있지만 옛날에는 '비술'로 여겨져 일반인에게 공개되지 않았다. 아니 그러기는커녕 공식을 발견한 수학자는 그것을 동료 수학자들에게조차 가르쳐주려고 하지 않았다.

왜 수학 공식은 비밀의 지식으로 여겨졌을까? 거기에는 16세기 시대 배경 속 수학자들의 특수한 사정이 있었다.

그 시대, 수학자들에게는 회계사라는 부업이 있어서 상인들에게 계산의 프로로 고용되기도 했다. 그들에게는 이 일이 짭짤한 수입원이 되었다. 그 때문에 '수학자로서 우수하다'는 평판을 받는 것은 생활과 연관된 사활이 걸린 중요한 문제였다.

그래서 수학계에서는 상인들에게 시연도 할 겸 수학자들끼리의 공개 시합을 열었다. 즉, 어느 쪽이 먼저 수학 문제를 풀 수 있을지 경쟁하는 자리가 마련되었다. 상금까지 걸린 시합에서 이긴 자는 수학자로서의 명성과 부를 동시에 거머쥘 수 있었다. 공개된 자리에서 수학 시합에 우승하는 것은 당시 수학자들에게 있어서 손쉽게 성공하는 길이었다.

그런 그들에게 '공식'이라는 것은 순식간에 문제를 풀기 위한 강력한 필살기였다. 그도 그럴 것이 어떤 문제가 주어졌을 때 자신이 그 문제를 푸는 공식을 알고 있고 상대가 모르면 그 자체만으로 이미 이긴 것이나 다름없었으니까. 그러한 배경 탓에 수학자들은 자신의 우위성을 확보하기 위해 새로운 공식을 발견해도 비밀로 하고 타인에게는 결코 알리려고 하지 않았다.

요컨대 그 공개 시합에서 자주 출제된 것은 3차방정식에 관한 문제였다. 2차방정식의 해의 공식은 이미 수학자들 사이에서 알려질 만큼 알려졌지만 3차방정식의 해의 공식은 아직 발견되지 않고 있었다. 그 때문에 3차방정식 문제가 즐겨 출제되곤 했다.

바꿔 말해 만약 3차방정식의 해의 공식을 다른 사람보다 먼저 발견한다면 이 공개 시합에서 속전속결로 부와 영예를 차지할 수 있는 것이다. 그래서 수학자들은 3차방정식의 해의 공식을 발견하기 위해 연구에 몰두했다.

과연 해의 공식을 발견하여 수학계의 정상에 서는 자는 누구일까? 방정식의 해의 공식을 둘러싼 수학자들의 뜨거운 수학 배틀이 지금 바로 시작된다!

제 2 장

미해결 문제라는
이름의 악마

볼프스켈상
증명 붐의 도래
악마에게 홀린 남자

볼프스켈상

한 치의 오차도 없는 완벽한 증명의 압도적인 아름다움.
그것은 그에게 이 세계가 얼마나 멋진가를 깨닫게 하기에 충분했다.

라메와 코시의 증명 실패로부터 50년의 세월이 흘렀다.

때는 1900년. 이 무렵 쿠머의 지적에 의해 페르마의 마지막 정리 증명이 곤란하다는 것이 분명해졌기 때문에 이 문제를 풀려고 애쓰던 수학자들은 완전히 의기소침한 상태였다. 하지만 어느 부호의 유언장으로 페르마의 마지막 정리는 다시 주목을 받기 시작한다.

그 부호의 이름은 볼프스켈Paul Wolfskehl. 그는 자본가로 이름난 집안의 자제로 독일의 대학에서 수학을 배운 뒤 비즈니스의 세계로 나아가 당당히 성공을 거두었다. 부유한 집안에서 태어나 풍부한 재력으로 비즈니스에 성공한 그의 인생……. 순풍에 돛 단 듯 항해하는 모습이 저절로 머릿속에 그려진다.

그러던 어느 날, 그는 실연을 경험한다. 그것은 그에게 살아갈 희망을 잃게 할 만큼의 절망을 안겨주어 자살을 결심한다.

비즈니스의 세계에서 성공을 거두고 무엇 하나 부족할 것 없는 인생을 보냈을 볼프스켈로 하여금 자살을 결심하게 한 여성이 과연 누구였는지에 대해 자세한 기록은 남아 있지 않다. 아마도 분명 두려울 만치 매력적인 여성이었을 것이다.

하지만 어쩌면 실연은 어디까지나 계기일 뿐 볼프스켈 스스로 자신의 삶에 질려 있었는지도 모른다. 부유한 자본가의 집안에 태어난 그에게 비즈니스계의 성공 따위는 준비된 레일 위를 달리는 것과 같아 삶이 지극히 평범하고 지루한 것은 아니었을까? 그렇게 소위 성공한 인생을 순조롭게 걸어온 볼프스켈에게 세상은 어떠한 흥분이나 충만함도 주지 못하는 회색의 경치로 보였던 것은 아닐까?

연애는 그런 무의미한 세상에 아름다움을 되돌리기 위한 마지막 도박이었다. 그것이 수포로 돌아간 지금 그에게는 이미 세상에 아무런 미련도 남아 있지 않았는지도 모른다.

사실상 볼프스켈은 '실연당했으니까 자살한다'는 감상적인 이유가 있었지만 결코 충동적으로 자신의 머리에 총을 겨누거나 갑자기 목을 매다는 식의 행동은 하지 않았다. 그는 스스로 자살을 결행할 날을 정하고 그 일정에 맞춰 모든 일을 완료했다. 그다음엔 관계자들에게 줄 유언장을 준비하면서 죽기 위한 만반의 준비를 했다. 그리고 다음 날 새벽 0시를 기해 권총으로 머리를 쏠 예정이었다.

그런데 실무능력이 뛰어났던 그는 너무나 솜씨 좋게 모든 것을 진행했기 때문에 자살 결심 몇 시간 전에 이미 모든 일을 마쳐버렸다. 그래서 삶의 마지막 때를 취미인 수학과 함께 보내리라 생각하고 서재에서 수학책 한 권을 꺼내 읽기 시작했다. 그가 손에 든 것은 바로 쿠머의 책이었다.

거기에는 라메와 코시가 증명한 방법의 결함과 개선안을 분석한, 다음과 같은 내용이 담긴 논문이 실려 있었다.

현재의 수학 테크닉으로는 페르마의 마지막 정리를 증명할 수 없다.

하지만 논문을 읽어나가는 사이 볼프스켈은 그 내용에서 논리의 비약을 느꼈다.

"아니, 아니지!"

잠깐 주목해 보기 바란다. 수학의 증명에 있어서 '논리의 비약' 따위가 결코 있어서는 안 된다. 볼프스켈은 놀라서 다시 쿠머의 증명을 한 줄씩 확인하며 읽어나갔다.

"그럴 리 없어. 그럴 리가……."

그러나 몇 번을 확인해도 역시 쿠머의 증명 중에는 어떤 '미증명'의 가정이 포함되어 있었다. 미증명이란 '정말 올바른지 아닌지 모른다'는 뜻이다. 만약 그 미증명의 가정이 잘못되었다고 한다면, 쿠머의 증명 전체는 아무런 의미도 갖지 못한다!

"어, 잠깐만. 어디 보자!"

만약 쿠머의 증명 속 이 작은 구멍이 단순한 구멍이 아니라 치명적인 결함이라고 한다면…… 증명은 순식간에 무너진다. 쿠머의 증명이 무효가 된다는 것은, 즉 페르마의 마지막 정리가 모두가 생각하는 만큼 곤란한 것이 아니라 기존의 테크닉으로도 증명 가능하다는 말이다! 이것은 '페르마의 마지막 정리를 증명할 수 있을지도 모른다'는 뜻이다!

어디에라도 있는 논문의 작은 결함이나 오류를 발견한 것과는 차원이 다르다. 그것은 페르마의 마지막 정리 증명에 관한 중요한 논문이다.

'페르마의 마지막 정리를 증명할 수 있을지도 모른다'는 것이 무엇을 의미하는지 수학을 연구하고 있던 볼프스켈은 너무나도 잘 알고 있었다. 만약 이 논문의 오류를 발견할 수만 있다면, 250년간 어떤 수학자의 증명도 거부해왔던 이 전설의 정리에 한 줄기 빛을 비출 수 있을지도 모른다! 그것은 죽을 곳을 찾아 돌아다니다 우연히 거대한 댐에 작은 구멍이 뚫려 있는 것을 발견했을 때와 같은 심경이었다.

볼프스켈의 심장은 고동치고 호흡은 가빠졌다. 이제 곧 자살을 결행할 시각이 다가온다. 그는 숨을 제대로 쉴 수가 없었다.

'어떻게 하면 좋지? 어떻게 하면…….'

볼프스켈은 서둘러 펜을 준비했다. 우선 쿠머의 논문 속 미증명 부분이 애당초 올바른가 잘못되었는가를 증명할 필요가 있다. 볼프스켈은 쿠머의 증명을 검증하는 작업을 시작했다. 만약, 그 증명이 올바른 것이라면 지금까지와 마찬가지로 페르마의 마지막 정리는 증명이 어려워진다. 하지만 만약 쿠머의 증명이 잘못된 것이라면…….

'어느 쪽이지? 쿠머의 증명은 잘못된 걸까 아니면 올바른 걸까?'

볼프스켈은 쿠머의 논문에서 미증명 부분의 증명을 더해나가는 작업에 몰두했다.

장시간에 걸친 필사의 검증작업 결과, 볼프스켈은 쿠머의 증명에서 미증명이라고 생각한 부분이 틀림없이 '올바르다'는 것을 증명하는 데 성공했다. 역시 쿠머의 증명은 옳았으며 페르마의 마지막 정리는 너무나 높은 벽이었던 것이다. 게다가 냉정을 되찾고 생각해 보니 자신이 미증명이라고 생각하고 있던 부분이 쿠머에게는 이미 '증명이 끝난' 자명한 것으로 단순히 증명을 생략한 것뿐이었는지도 모른다.

하지만 볼프스켈은 그것으로 낙담할 사람이 아니었다. 일을 한

단락 마치고 그는 자신이 새롭게 증명을 써넣은 쿠머의 논문을 바라보았다. 거기에는 '정말 올바른가?' 따위의 의문의 여지가 일체 없는, 완벽하고 아름다운 수학의 증명이 있었다.

그가 문득 정신이 들었을 때는 자살 예정 시각인 새벽 0시를 넘어 이미 날이 밝아 있었다. 그때 볼프스켈은 깨달았다. 자신의 가슴 속에 있던 '죽고 싶다'는 깊은 슬픔이 깨끗이 사라져 버린 것을…….

증명의 문제점을 발견했을 때의 '놀라움'. 그 문제를 검증하려고 시간이 지나는 것도 까맣게 잊고 집중했던 '포만감'. 문제를 해결해 올바른 답을 이끌어냈을 때의 '감동'. 그리고 완성된, 한 치의 오차도 없는 완벽한 증명의 압도적인 '아름다움'. 그것은 그에게 이 세계가 얼마나 멋진가를 깨닫게 하기에 충분했다.

그는 자살을 그만두기로 결심했다. 수학이 그에게 살아갈 희망을 준 것이다.

그 후 시간이 흐르고, 볼프스켈은 최선을 다해 인생을 살다가 생애를 마치면서 놀랄 말한 유언장을 남겼다.

페르마의 마지막 정리를 증명한 사람에게 10만 마르크를 주겠노라.

그것은 지금의 화폐가치로 20억이 넘는, 수학의 증명에 걸린 현상금으로는 상상할 수 없을 정도의 막대한 금액이었다. 어쩌면 그 유언장은 일찍이 자신을 죽음으로부터 구제해 준 페르마의 마지막 정리에 대한 그 나름의 보답이었는지도 모른다.

이렇게 과거의 유물이 되어가던 페르마의 마지막 정리에 볼프스켈이 새로운 불을 댕겼다. 하지만…….

"페르마의 마지막 정리가 증명될 때 인류는 멸망할 거라고 말할 만큼 절망적인 이 정리에, 사람들이 미쳐 날뛸 정도로 막대한 현상금을 거는 것이 과연 잘한 일이었다고 생각하는가?"

페르마의 마지막 정리라는 이름의 악마는, 어둠 속에서 그렇게 중얼거리며 회심의 미소를 짓고 있었다.

증명 붐의 도래

이 하찮은 메모는 바야흐로 300년이라는 시간을 거치며
사람들을 미치게 하고 수학자들을 고뇌에 빠뜨린 악마로 둔갑했다.

부호 볼프스켈의 유언장에 의해 볼프스켈상이 제정되었다. 페르마의 마지막 정리를 증명한 자에게는 막대한 유산이 수여될 것이다. 유산의 금액은 현재의 가치로 따져 10만 마르크(150만 불/약 20억 원). 사람을 미치게 만들기에는 충분한 금액이다.

이 덕분에 페르마의 마지막 정리는 세계에서 가장 유명한 수학 문제가 되었다. 하지만 재미난 것은, 이 현상금에 기대를 걸고 페르마의 마지막 정리 증명에 진지하게 뛰어든 자들의 대다수는 프로 수학자가 아니라 평범한 사람들이었다는 사실이다.

물론 그 당시 페르마의 마지막 정리에 도전하는 프로 수학자가 한 사람도 없었다는 것은 아니다. 실제로 프로 수학자들(미리

마노프^{Mirimanoff}, 비퍼리히^{Wieferich} 등)이 '어쩌면 이것으로 페르마의 마지막 정리도 결국 해결된 듯하다'고 하며 세상을 놀라게 한 적도 몇 번 있었다. 그리고 그때마다 치명적인 결함이 발견되어 그들의 증명은 모두 무효로 돌아갔다.

하지만 적어도 이 어마어마한 상금에 눈이 멀어 수학계가 페르마의 마지막 정리 일색으로 물드는 일은 없었다. 대부분의 프로 수학자들은 이 현상금에 대해 냉담한 태도를 취했다. 왜냐하면, 그들은 페르마의 마지막 정리를 증명하는 것이 얼마나 절망적이고 어려운가를 누구보다 잘 알고 있었기 때문이다. 만약 진심으로 풀려고 생각한다면 5년이나 10년이라는 오랜 시간, 아니 수학 인생 전부를 허비하지 않으면 안 된다. 그런 수준의 어려운 문제라는 점을 프로 수학자들은 너무나 잘 알고 있었던 것이다.

그러나 수박 겉핥기로 수학을 한 사람들은 오히려 매우 낙관적이었다. 일반인들은 아무리 페르마의 마지막 정리가 최고로 난해한 문제라고 해도, 페르마가 한 번은 증명에 성공했으니까 결코 증명 불가능한 문제는 아닐 거라고 생각한 것이다.

물론 이것은 페르마의 말을 믿는다고 가정했을 때의 이야기다. 프로 수학자들은 페르마가 분명 무언가를 착각한 것이고 그가 마지막 정리의 증명에 성공했다고는 아무도 믿지 않았다. 그리고 페르마는 무려 250년 전의 사람이다. 그 시대는 수학에서 미분이라는 사고방식이 겨우 나왔을 때였다. 그것을 생각하면 페르마가 250년 후의 시대처럼 고도의 복잡한 수학을 들고 나와 마지막 정리를 증명했다고 보기 어려웠던 것이다.

어쩌면 페르마는 고도의 수학적 테크닉을 구사해 마지막 정리를 증명한 것이 아니라 '정말 놀라운 증명 방법을 발견했다'는 그의 메모대로, 독특한 아이디어를 이용해 마지막 정리를 증명한 것인지도 모른다. 실은 페르마가 발견한 증명 방법이란 난해한 식이 연이어 나열되는 전문적인 방식이 아니라 수수께끼의 정답처럼 답을 알고 나면 "아아, 뭐야. 이런 거였어?"라고 실망하거나, "잠깐만, 이런 거였어!" 하고 피식 웃어넘길 법한 흔하디흔한 것인지도 모른다.

그렇다면 증명에 필요한 것은 '수학적인 지식'이라기보다 오히려 '직감적인 재치'가 된다. 그렇다면 수학에 문외한인 일반인 중에도 페르마의 마지막 정리를 증명할 기회, 즉 약 20억 원을 획득할 기회가 충분히 있다고 할 수 있을 것이다.

프로 수학자들은 너무 어렵게 받아들일 뿐이니 오히려 프로 수학자들보다 아무것도 모르는 일반인이 고정관념이 더 없는 만큼, 지금까지는 없던 새로운 발상을 떠올리기가 쉬울 터이고 그래서 더 '일반인이 유리하다'고 말할 수 있는 건 아닐까? 의외로 페르마의 마지막 정리는 일반인 수준의 발상에서 말끔히 증명될지도 모른다! 그렇게 생각하면 어쩐지 누구나 풀 수 있을 것 같은 기분이 들 수밖에 없다.

'역사상의 큰 천재들이 250년에 걸쳐도 풀지 못했던 난해한 문제를 사소한 재치로, 바로 이 몸이 풀어 버린다. 수학이라는 인류의 지성을 상징하는 학문의 역사의 정점에, 이 몸이 군림하는 것이다

아아! 뭐라 표현할 수 없는 쾌거가 아닌가! 이 흥분을 어떻게 감당할까? 무엇보다, 만약 풀어낼 수만 있다면 부호의 유산이 자그마치 20억이다, 20억! 이렇고 있을 때가 아니지! 지금 당장 나도. 일단, 마음을 가다듬고 침착하게.'

사실상 마지막 정리를 증명해냈을 때 얻을 막대한 보상금을 생각하면 이렇게 횡설수설하는 것도 그리 이상하지는 않을 것이다. 대부호의 유산, 20억 원과 함께 주어지는 것은 '천재 수학자들 누구 하나 풀지 못했던 문제를 풀어냈다는 역사적인 영예'이다.

과연 이 정도의 부와 영예를 한꺼번에 얻을 기회가, 인류 역사상 지금까지 있었단 말인가! 게다가 자본도 필요 없고 그냥 종이와 연필만 사용해 식을 주물럭거리기만 하면 되는 것이다. 그렇게 적당히 식을 주무르는 사이 자기도 모르게 아무도 해낸 적 없는 걸작을 만들어 어느새 페르마의 마지막 정리를 증명할 수 있게 되었다……는 일도 일어나지 말란 법은 없지 않은가?

이리하여 20세기 초반에 아마추어 수학자들, 수학의 '수'자도 모르는 무학의 사람들, 심지어 아이들까지도 머리를 쥐어짜면서 증명에 도전하는, '페르마의 마지막 정리의 붐'이 소용돌이쳐 올랐던 것이다. 하지만…….

이 붐은 수학계에 재앙과 혼란을 초래했다.

볼프스켈상의 제정에 따라 수학 학회에서는 페르마의 마지막 정리에 관한 논문을 접수하게 되었다. 그런데 매우 놀랍게도 '페르마의 마지막 정리를 증명할 수 있었습니다!'라는 증명 논문이 대량으로 날아들어왔다.

분명히 상금에 눈이 먼 일반인들이 쓴 것이 대부분이었을 것이다. 물론 모두 잘못된 논문이다. 어느 논문도 초보적인 실수나 오류, 논리의 비약을 범하고 있어 수학 논문으로 아무런 의미도 갖지 못하는 것들뿐이었다. 더욱이 답답한 것은 그 논문을 쓴 장본인들은 그 논리적인 오류를 눈치채지 못하고 '페르마의 마지막 정리를 풀었다!'고 굳게 믿고 흥분에 휩싸여 논문을 보내오는 것이었다.

이렇게 되고 보니 학회는 성가신 짐을 지게 된 셈이다. 학회로서는 이미 볼프스켈 가로부터 그 막대한 상금의 관리를 위탁받았으며 볼프스켈상의 운영을 모두 위임받아 전 세계에 발표한 이상, 이제 와서 귀찮아졌다고 내던질 수도 없다.

게다가 애당초 학회는 일반인이든 전문가든 보내온 논문에 대해 올바르게 심사할 의무가 있다. 일반인들의 논문 중에 정말로 증명에 성공한 논문이 있을 수도 있기 때문이다. 실제로 마지막 정리를 제시해 프로 수학자들을 조롱하며 즐겼던 페르마도 원래는 취미 삼아 수학을 하는 무명의 아마추어에 지나지 않았다. 그것을 생각하면 프로 수학자들의 논문이 아니라고 해서 받아들인 논문을 무시해서도 안 될 것이다. 제2의 페르마가 나타나지 말란 법도 없으니까.

학회는 일반인이 쓴 논문이라도 차별하지 않고 전부 꼼꼼히 읽고 올바르게 심사하지 않으면 안 되었다. 또 정식 심사인 이상, 그 논문이 잘못되어 있다면 '당신의 논문은 이 부분이 잘못되어 있으니 증명은 무효'라고 증명의 옳고 그름을 분명히 통지해야만 했다. 결국 일반인의 엉터리 논문을 심사하고 오류를 지적하는 성가신 작업은 학회에 소속된 프로 수학자들의 몫이 된 것이다. 물론 프로 수학자들에게는 본업과 전혀 상관없는 무익한 골칫거리 작업이었다.

잠깐 상상해 보자. 그것이 프로 수학자들에게 있어서 얼마나 고통스런 작업이었을까를.

애당초 모든 학문 중에서 수학만큼 논문 심사가 엄격한 것은 없다. 가령, 어느 수학 논문이 심사 결과 '수학적으로 올바르다'

고 인정받았다면 이미 그것은 이후에 판이 뒤집힐 리 없는 '영원불변의 진리'로 다루어지게 된다. 그리고 그 진리를 발판으로 더욱 새로운 논문이 만들어져 나간다. 결국 수학이라는 학문체계는 진리 위에 진리를 거듭 쌓은 거대한 구조물이라고 해도 좋을 것이다.

그런 까닭에 논문 심사 하나하나는 엄밀히 신중하게 그리고 세심한 주의를 기울이지 않으면 안 된다. 만에 하나라도 잘못된 증명을 올바르다고 하는 실수를 범하고, 거기다 아무도 그것을 깨닫지 못했다고 한다면 그 '증명'을 전제로 연구된 이후의 논문은 전부 무의미한 종잇조각이 되어 차마 눈 뜨고 볼 수 없는 지경이 되고 말 것이다.

요컨대 수학 논문 심사란, '이 논문에 쓰인 것은 영원불변의 진리입니다!'라고 인류의 대표 자격으로 '진리 확정'이라는 판결도장을 찍는, 책임이 막중한 임무임과 동시에 자부심 높은 신성한 일인 것이다. 그런데!

지금 심사 중인 것은 수학의 '수'자도 모르는 일반인이 돈과 명예에 눈이 멀어 머리를 쥐어짜 써낸 엉망진창의 논문으로, 도처에 논리의 비약과 모순이 넘쳐 이제 될대로 되라는 상황이다. 그런 논문을 읽는 것만으로도 고통스러운데 귀중한 시간을 바쳐 그것을 심사해야 한다. 게다가 그런 논문이 매주 물밀듯이 날아

든다.

볼프스켈상이 발표된 첫해만도 학회에 도착한 논문의 숫자는 600통이 넘고, 산더미처럼 쌓인 높이는 3미터에 달했다고 한다. 그리고 그것이 이듬해에도, 또 그 이듬해에도 지칠 줄 모르고 수십 년이나 계속된 것이다.

그나마 엉터리 논문을 보내오기만 하는 정도라면 그래도 나은 편이었다. 그중에는 '페르마의 마지막 정리를 증명했으니 직접 만나서 설명하겠다'며 들이대는 사람들이나, '상금의 몇 할을 나눠줄 테니 자신의 증명을 제대로 평가해달라'고 장사하려는 사람 등, 습성이 나쁜 사람들까지 있었다.

물론 이런 사람들의 마음을 알 것도 같다. 자신의 증명은 올바르다고 믿어 의심치 않는 사람의 입장에서 보면 자신의 논문은 20억 이상의 가치가 있을 테니까 그런 논문을 쉽게 우편으로 보내는 건 말도 안 될 일이다. '직접 만나지 않으면 가르쳐줄 수 없다!'고 고집 부리는 사람들이 나타나도 인정상으로는 이해할 수 있을 것이다.

거기다 어쩌면, 논문을 읽은 수학자들이 아이디어를 낚아채서 발표해 버릴지도 모를 일이다. 무려 20억이 걸려 있으니 무슨 일이 일어나도 이상할 것은 없다.

그런 까닭에 직접 수학자를 만나서 신뢰할 만한 사람인지 아닌지부터 확인하고 정식으로 계약을 맺고 나서 페르마의 마지막 정리의 증명 방법을 공개하겠다는 등의, 상금의 액수를 생각하면 신중해서 나쁠 것은 없다는 사람들이 생겨도 뭐라 할 수 없을지 모른다.

하지만 수고를 온몸으로 감수해야 하는 것은 그런 무리들에게 쉴 새 없이 쫓겨 다녀야 하는 프로 수학자들, 대학교수들이다.

마지막 정리를 증명해냈다면서 느닷없이 연구실로 생판 모르는 사람이 뛰어든다. 혹은 카페에서 차를 마시고 있으면 뒤에서 누군가 다가와서는 속삭인다.

"그대로 들어주세요. 제가 말이죠. 바로 그 증명 방법을 알아냈어요. 쉿! 뒤돌아보지 마세요! 누군가에게 알려지면 큰일이니까! ……나중에 자택으로 찾아뵙겠습니다."

이런 일이 계속된다면 불쾌한 정도를 넘어서 노이로제라도 걸리지 않겠는가?

결론적으로 볼프스켈상으로 촉발된 증명 붐은, 프로 수학자들에게는 자신들의 일터에 성가신 골칫거리가 통째로 굴러들어온 것이어서 어떠한 건설적인 일도 해낼 수 없었다. 그리고 페르마의 마지막 정리가 태어난 지 300년 가까운 시간이 흘러가고 있었다.

때를 지난 것은 어떤 것이라도 마물魔物이 된다. 책의 여백에 쓰여 있던 페르마의 작은 메모 나부랭이.

$n \geq 3$일 때,

$x^n + y^n = z^n$을 만족하는 자연수 x, y, z는 존재하지 않는다.

나는 이 명제에 대해 정말 놀라운 증명 방법을 발견했다. 하지만, 그것을 쓰기에는 이 여백이 너무 좁다.

수학자들의 지적 호기심을 자극해 희대의 드라마를 만들어낸, 이 하찮은 메모는 바야흐로 300년이라는 시간을 거치며 사람들을 미치게 하고 수학자들을 고뇌에 빠뜨린 악마로 둔갑했다. 그 악마는 마치 수학자들을 손안의 구슬처럼 갖고 놀았던 당사자 페르마의 악의가 구슬의 전류를 타고 전해진 듯 피리를 불며 사람들을 하나둘씩 포로로 삼는다.

"페르마의 마지막 정리, 증명해냈습니다!"
"선생님! 제 이야기 좀 들어보세요. 증명했다니까요!"
"왜 제 증명을 인정해 주지 않는 겁니까?"
"정말 증명했다니까요! 여길 펼쳐봐 주세요!"

악마에게 매료된 사람들은 인생을 박탈당한다.

악마에게 홀린 남자

'어쩜 너라면 풀 수 있을지도.'
갑자기 그의 머릿속에 알 수 없는 목소리가 울려 퍼졌다.
그것은 매우 달콤한 악마의 목소리였다.

한 남자가 있었다. 그는 매우 뛰어난 사람이었다. 어릴 때부터 지적인 재능을 타고나 같은 또래 아이들 중에서도 눈에 띄게 총명했던 그는 부모님이나 선생님들로부터 신동이라는 소리를 들으며 귀여움을 독차지했다. 그리고 당연하게도 일류 학교에 진학해서도 항상 톱클래스를 놓치는 법이 없었다. 시험에서 고득점을 얻는 것은 식은 죽 먹기였던 그를 친구들은 선망의 눈으로 바라보았고, 선생님들은 표본으로 삼아야 할 우등생으로 칭찬하고 격려해 주었다.

"분명 그는 훌륭한 학자나 교수가 될 거야."

누구나 그렇게 생각했다. 그는 장래를 촉망받는 인간이었다.

하지만 어디서부터 톱니바퀴가 어긋나 버렸을까.

그는 학술적이거나 창조적인 일에는 종사하지 못한다. 어떻게 된 일인지 무슨 일을 시작하더라도 항상 중요한 지위에서 밀려나 누구라도 할 수 있는 단순작업을 반복하는 자리에 머물렀다. 그러니 박봉에 시달리는 것은 당연했다. 그런 직장에서는 과거의 성적 우수자였던 영광 같은 것은 아무 도움도 되지 않았다. 오히려 자존심에 콧대가 높아 직장 동료들로부터 따돌림 당하기 일쑤였다.

'이상하다. 내가 왜 이렇게 되었을까…….'

자신은 깨닫지 못했지만 그를 불운으로 몰아내고 있는 원인은 아주 사소한 것에 불과했다. 사람들과의 관계가 서툴고 타인과 소소한 세상 이야기로 대화를 나누지 못한다거나 남 앞이라면 긴장해서 생각한 대로 말하지 못하는 것이다. 그리고 그것은 사회에서는 결정적으로 치명적인 결함이 된다.

보람 없는 직장에서 당연히 의욕도 생길 리 없었던 그는 휴직계를 냈다. 그리고 자신의 재능도 살리지 못하고 일의 성과도 생각만큼 올리지 못한 채 허송세월만 보내고 있었다.

그의 귀에 동료들의 뒷말이 들려온다.

"저 친구, 저렇게 허술해도 꽤 좋은 대학을 나왔다지."

"응? 진짜야? 전혀 그렇게 안 보여."

"풋, 분명 공부밖에 하지 않았을 거야."

"저런 타입은 사회에서 별 쓸모가 없지."

굴욕의 나날들이었다. 그래도 그는 낙관적이었다.

'지금은 톱니바퀴가 조금 어긋나 잘 돌아가지 않을 뿐이야. 언제까지고 이런 일이 계속될 리는 없어. 조금만 더 지나면 분명 좋아질 거야. 그래도 나는 우수한 인간이니까…….'

그는 그렇게 스스로를 위로하면서 '지금'을 견뎌냈다. 하지만, 시간은 잔혹하게 흘러갔다.

사태는 호전되지 않은 채로 어느새 그도 나이가 들었다. 같은 연배의 사람들이 모두 순조롭게 출세하고 사회적인 지위를 획득해나가는 가운데, 이미 나이를 먹을 대로 먹었음에도 그 혼자만 변변한 직장 하나 구하지 못하고 잡일만을 반복하는 매일이었다. 출세는 일찌감치 물 건너갔다. 나이로 보더라도 이미 역전은 불가능했다.

이제 누구나 그에게 연민의 시선을 보냈다. 뒤에 숨어서 험담하던 수준 낮은 무리들까지도 마치 종기라도 만지는 것처럼 그를 근심스럽게 대하기 시작했다. 그것은 그의 자존심을 산산이 부수어놓았다.

"이건…… 이럴 수는 없어."

그는 혼자서 중얼거리면서 쓸쓸히 퇴근길에 오른다. 남모르게 터

덜터덜 돌아가는 귀갓길. 걸으면서 자신의 반생애를 되돌아본다.

'나는 더 뛰어난 능력을 발휘할 수 있는 대단한 인간이었을 텐데……. 그런데 어째서 이렇게 되어 버렸지?'

그는 스포츠나 잡담에는 자신 없었지만 적어도 공부만큼은 누구에게도 뒤지지 않았다. 그런 뛰어난 면을 가지고 타인한테 평가받고 인정받아왔다. 그것이 그의 자기 증명이자 정체성을 나타내는 유일한 수단이었다.

하지만 사회에 나갔을 때는 모든 것이 달라졌다. 학창 시절에 배운 것은 전혀 쓸모가 없었고 요구되는 것은 오로지 계산이나 요령, 능숙한 인간관계와 같은 것들이었다. 그런 기술을 배워두지 못했던 그에게 기다리는 것은 '인생의 패배자'라는 꼬리표가 붙은 참담한 나날뿐이었다. 학창 시절에 펑펑 놀기만 하고 공부도 하지 않던 친구들이 이제는 애처로운 시선으로 자신을 내려다보고 있다.

'도대체 뭐지, 이것은? 이것이 정말 현실이란 말인가!'

마치 나쁜 꿈을 꾸고 있는 것 같았다. 앞으로의 인생을 생각하면 가슴이 죄어오는 것처럼 괴로워진다. 구역질이 나려고 한다.

사회적으로 아무런 평가도 받지 못하는 인생, 남들로부터 업신여김 당하는 인생, 무능하며 아무짝에도 쓸모없다는 꼬리표가 붙은 인생……. 그런 비참한 인생이 죽을 때까지 계속될 것은 불보듯 뻔했다.

'이제 어쩌면 좋을까? 아아, 아무 희망도 보이지 않아.'

바로 이 순간! 그의 생각을 가로막기라도 하듯이 갑자기 비가 세차게 내렸다.

우산은 갖고 있지 않았다. 그는 하는 수 없이 비를 피하려고 가까운 건물로 발걸음을 옮겼다. 때마침 선택한 장소가 다름 아닌 도서관이었다.

"여기는 도서관인가. 그러고 보니 학창 시절 여기서 자주 공부했었지. 뭐 지금이야 아무 도움도 안 되지만."

낡은 건물을 올려다보면서 자조 섞인 목소리로 중얼거린다. 비는 멈출 기색을 보이지 않는다. 그는 한동안 거기서 시간을 보내기로 하고 안으로 들어갔다. 그리고 결국 그것을 만나고 만다. 악마를…….

그는 뭔가 우울한 기분을 풀어줄 만한 책은 없을까 하고 주변의 책장에 손을 뻗어 그 책을 뽑아들었다. 그것은 결코 펼쳐서는 안 되는 악마의 책, 곧 페르마의 마지막 정리에 관한 책이었다.

"페르마의 마지막 정리? 그러고 보니 학생 때 들어본 적이 있는 것 같기도 하군."

그는 호기심에 이끌려 책을 읽기 시작했다.

거기에는 수학자들의 '도전의 역사'가 쓰여 있었다. 오일러, 소피, 라메, 코시 그리고 쿠머. 그는 마지막 정리에 도전한 수학자들의 탐구 드라마에 완전히 매료되었다. 그와 동시에 재능을 충분히 발휘해 살아갈 수 있었던 그들이 부럽다는 생각도 들었다.

그런 그들의 증명을 거부해온 페르마의 마지막 정리란 도대체 얼마나 어려운 정리였을까. 그렇게 생각하며 정리의 내용을 확인한 그는 이것이 너무나도 간단한 정리인 것에 적잖이 놀랐다.

어쨌든 식은 $x^n + y^n = z^n$ 하나밖에 없다. 실제로 아무것도 아닌 것처럼 보이는 식이다. 그리고 정리의 내용 역시 단순하고 명쾌하다. 그는 이런 정리를 증명하는 것이 그리 어렵다고는 생각되지 않았다.

이런 저런 생각을 하면서 페이지를 넘긴 그의 눈에 믿을 수 없는 것이 들어왔다. 그것은 바로 볼프스켈상에 관한 기사였다. 이 문제의 해결에 무려 20억 원 이상의 현상금이 걸려 있는 것이다.

"어, 페르마의 마지막 정리를 증명해내면 20억 원이 넘는 상금이! 정말이야? 이렇게 간단한 문제에?"

'어쩜 너라면 풀 수 있을지도.'

갑자기 그의 머릿속에 알 수 없는 목소리가 울려 퍼졌다. 그것은 매우 달콤한 악마의 목소리였다.

"아니지, 가만있어 봐. 침착하자. 지금까지 역사상의 어떤 천재도 풀지 못한 어려운 문제잖아. 그리 간단히 풀릴 리가 없어."

남자는 허겁지겁 고개를 흔들며 감미로운 유혹의 목소리를 떨쳐버리려고 한다. 하지만 정체를 알 수 없는 뜨거운 감정이 가슴 저 밑바닥으로부터 솟아오르는 것을 느낀다. 그 감정에 몸을 맡기자 돌이킬 수 없는 지경에 이른다.

　악마는 더 달콤하게 속삭인다.

　'하지만 만약 이 문제를 풀어낸다면?'

　그 말에 남자는 현실을 잊고 상상에 빠져 버렸다. 마지막 정리의 증명에 성공한 자신을 떠올린다. 20억이라는 막대한 상금을 획득한, 역사상의 어떤 천재도 풀지 못했던 문제를 풀어내고야 만 자신을.

　그리고 쏟아지는 박수갈채, 존경의 시선, 계속되는 칭찬의 날들. 자신을 바보로 알고 내려다보았던 동료들이 울면서 굽실거리는 모습이 떠오른다.

　'그래. 모든 것이 바뀌는 거야. 전부 다. 바라던 모든 것이 내 손안에 들어오는 거야.'

　분명 이 마지막 정리를 증명하기만 하면 모든 것이 바뀐다. 그것은 의심할 여지 없는 사실이다.

　"하지만, 정말로 내가 이걸 해낼 수 있을까? 아아, 그래도 어쩌면……."

　'너라면 가능할지도 몰라.'

그 말 한마디에 그 안의 결정적인 뭔가가 사르르 무너졌다. 이제 끓어오르는 감정을 억누를 재간은 없었다.

"그래, 결심했어! 이 페르마의 마지막 정리를 증명하는 거야. 그럴 능력이 나한테는 있어. 나라면 이 문제를 풀 수 있어. 내가 이런 비참한 인생을 보내려고 태어났을 리가 없잖아!"

그는 자신의 이성이 마비된 소리를 인생의 톱니바퀴가 맞물린 소리로 착각하고 말았다.

"아아, 이제야 드디어 만났네! 일생을 걸 마땅한 '뭔가'를! 일생을 다 바쳐서, 인생의 전부를 내던져서라도 도전해 볼 문제를 말이야!"

이제 빼도 박도 못한다. 그는 빗속에 환호성을 지르면서 뛰어나가고 싶은 벅찬 감정에 사로잡혔다.

그는 페르마의 마지막 정리를 증명할 것을 결심했다. 그리고 인생의 나락으로 빠져들기 시작했다.

그 후부터 그에게는 페르마의 마지막 정리를 증명하는 것만이 삶의 보람이고 그 외의 것들에 대해서는 일절 무관심해졌다. 당연히 일도 손에 잡히지 않아 항상 허공만 바라보았다.

그 결과, 안 그래도 잘 풀리지 않았던 인생은 점점 더 꼬여갔다. 하지만 그는 페르마의 마지막 정리에 빠져 지낸 탓에 그런 지경이 되어서도 '증명만 완성하면 모든 것이 해결될 것'이라며 점점 더 빠져들었다.

어느 틈에 이웃으로부터는 이상한 사람 취급을 당하고 그를 제대로 상대해 주는 사람은 줄어들었다.

"내가 페르마의 마지막 정리를 증명했을 때 너희들의 얼굴이 어떻게 바뀌는지 보겠어."

그런 혼잣말과 함께 그는 직장을 떠났고 더욱 빈곤한 생활로 전락한다.

그래도 끊임없이 증명에 매달려 5년이라는 세월을 보내고 마침내 페르마의 마지막 정리 증명에 성공한다! 그는 증명을 논문으로 정리해 학회에 보낸다. 그 뒤 '마지막 정리의 증명을 확인했습니다. 당신이야말로 인류 역사상, 최고의 현자이십니다'라는 통보가 오기만을 이제나저제나 하며 기다린다.

"아아, 분명 많은 매스컴들이 우리 집으로 몰려들겠지. 역사적인 최대의 문제를 무명의 천재가 풀었다며 세간은 떠들썩할 거야. 분명 앞으로의 스케줄은 강연회로 빡빡해져서 눈코 뜰 새 없을걸. 그리고 고명하신 수학자들이 나한테 가르침을 얻으러 오는 거야."

흥분으로 잠 못 이루는 밤을 몇 날이나 보냈을까.

하지만 몇 개월을 기다린 끝에 돌아온 답변은 정말 보잘것없었다. '몇 페이지의 몇째 줄에 허점이 있으므로 당신의 논문은 무효입니다'라는 달랑 한마디 말뿐이었다. 엄청나게 밀려드는 일반인들의 논문에 진저리가 난 수학계는 귀찮아져서 어느새 이런 한마디로 결과를 통보하게 되었다.

"이, 이런! 바보 같은 자식들!"

남자는 낙담을 넘어서 분노를 느꼈다.

"그래? 심사한 인간이 누군지는 몰라도 수준이 떨어져서 나의 고상한 증명을 이해할 수 없었던 게 분명해. 그렇다면 직접 가서 설명해 줘야겠군."

그렇게 생각하며 그는 대학으로 직접 수학과 교수를 찾아간다. 그러나 당연히 돌아오는 건 문전박대.

"뭐야 이건. 왜 저자들은 내 증명을 인정하려고 하지 않는 거지? 무명인 내가 풀었다고 하면 녀석들 체면에 금이라도 갈까 봐 그러나?"

그는 프로 수학자의 집까지 들이닥치지만 증명의 허점을 철저하게 지적받고는 크게 실망한다. 그래도 여기서 물러날 수는 없었다.

그로부터 일주일 후. '증명의 허점을 수정했다'며 엉터리 논문을 들고 프로 수학자의 집 문을 두드리는 그의 모습이 보였다. 그 눈에는 예전의 지성적인 빛은 이미 깃들어 있지 않았다. 아아, 어디서부터 톱니바퀴가 어긋나 버린 걸까…….

이런 남자의 이야기는, 페르마의 마지막 정리에만 해당하는 것은 아니다. 수학의 세계에서는 옛날부터 흔히 있는 이야기이기도 하다. 예를 들어, 각의 3등분 문제도 그렇다.

그것은 기하학의 작도 문제로 '그리스의 3대 난문'이라고 불리는 것 중 하나이다. 요컨대, '자와 컴퍼스만으로 하는 작도에서, 임의의 각을 3등분하는 선을 긋는 방법을 생각하라'는 문제이다.

얼핏 간단한 것처럼 보이지만 이 작도 문제는 고대로부터 많은 사람들이 도전해 온 무지 어려운 문제이며 무려 2000년 이상의 역사를 가진 '미해결 문제'이다. 기하학계에서의 페르마의 마지막 정리라고 해도 좋을 것이다.

하지만 이 '각의 3등분 문제'는 1837년에 수학적으로 증명되어 완전히 매듭이 지어진다.

> 자와 컴퍼스만으로 하는 작도에서, 임의의 각을 3등분하는 선을 긋는 방법은 존재하지 않는다.

그렇다. 각을 3등분하는 작도는 불가능하다.

이렇게 불가능하다고 이미 증명되어 있는데도 21세기인 지금까지 각의 3등분 작도가 가능하다는 것을 증명하려는 사람들이 있다. '3등분했다!'고 하면서 상기된 얼굴로 연구실로 뛰어드는 그들은 '3등분가' 혹은 '3등분인'(국외에서는 Trisector)이라고 불리며 수학자에게 쓸데없는 존재로 염려되어 왔다.

즉 90도나 45도 등의 각은 자와 컴퍼스만으로 3등분하는 것이 가능하지만 각의 3등분 문제는 '임의의 각을 3등분하는 방법'을 구하는 것이어서 특정 각도를 3등분하는 방법을 발견했어도 문제를 풀 수는 없다. 하지만 아무 생각 없이 45도의 각도로 어찌어찌 작도를 하는 사이 3등분할 수 있게 되니까, 해낸 사람은 깜짝 놀라 흥분의 도가니에 빠진다.

그리고 이런 이야기는 수학만 해당되는 것은 아니다. 과학이나 철학 등 어느 분야의 학문에서도 이러한 미해결 문제는 대량으로 존재하기 때문이다.

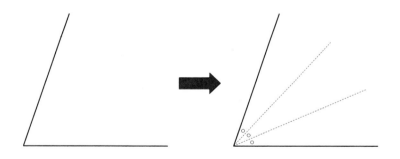

- 양자역학에서의 관측 문제
- 슈뢰딩거의 고양이 패러독스
- 시간의 불가역성 문제

- 아킬레스와 거북의 패러독스
- 퀼리아 문제

지금껏 해결되지 못한 문제, 해결 불가능하다고 간주되어 온 문제. 혹은 이미 해결이 끝났지만 일반인들은 여전히 모르는 문제. 잠깐 인터넷을 검색해 보면 다음과 같이 소리 높여 외치는 사람들을 많이 볼 것이다.

"○○문제를 드디어 풀었습니다!"
"□□패러독스를 해결했습니다!"
"△△이론은 잘못되었다!"

이미 많은 학자들이 긴 시간을 들여 연구하고 '해결될 전망은 없다'고 역사적으로 매듭 지은 문제나 이론을 들춰내서는 전혀 다른 방향에서 그것을 '뒤집으려는' 사람들. 혹은 자기 자신에게 밖에 통용되지 않는 이치를 만들어내서 자신이 최초로 해결했다고 우기는 사람들. 그들은 도대체 무엇을 하고 있는 것일까? 왜 그런 무모하고 비생산적인 일에 인생을 허비하는 것일까? 그런데 이건…….

다르다! 다른 것이다! 그들은 하지 않으면 안 되는 것이다! 그들에게는 이제 그 방법밖에 없는 것이다!

학자들의 보고에 의하면 그런 사람들에게는 세 가지 공통된 특징이 있다고 한다.

- 이제 나이를 지긋이 먹은 중년 남성
- 고학력이지만 수입이 적은 사람
- 자신이 뛰어나다고 굳게 믿고 있지만 주변 사람들로부터는 전혀 인정받지 못하는 사람

그들이 자신의 불운을 타파하고 꽉 막힌 인생에 바람구멍을 뚫으려면 이미 불가능하다고 불리는 문제에 맞서서 그것을 해결하는 방법밖에 없는 것이다! 그들은 복수하지 않으면 안 되고, 되찾지 않으면 안 된다. 자신을 비웃었던 무리들에게 본때를 보여주어야 한다. 그들이 맛보았던 굴욕의 고통에 견줄 만한 것은 이미 보통의 성공으로는 용서되지 않는다.

인류 역사상 아무도 풀지 못했던 진짜 어려운 문제를 푸는 성공. 지금까지 자신을 업신여겼던 무리가 모두 새파랗게 질릴 만한 성공. 그런 혁명적 성공이어야 한다. 그러니까 그들은 미해결 문제를 풀어내지 않으면 안 된다! 페르마의 마지막 정리를 증명해야만 한다!

물론 그것은 분명 분수를 모르는 어리석은 행위이다. 하지만, 누구나 완벽한 재벌이 아닌 이상 현재 자신의 상태에 불만 하나쯤은 있을 것이다. 모든 사람이 사회에서 스스로 자신 있는 분

야, 희망하는 분야에서 활약하고 있다고는 할 수 없다. 오히려 서툰 분야, 그리 흥미가 없는 분야이지만 일이니까 한다는 식으로 타협하면서 평생을 보내는 사람들이 반은 될 것이다.

그렇지만 그것을 견뎌내지 못하는 사람들은 어떻게 해야 할까? 더 이상 견딜 수 없게 된 사람들은 어떻게 하면 좋을까?

만약 타협하는 인생을 더 이상 견디지 못한다고 한다면……, 그런 사람들은 이제 혁명을 일으키는 수밖에 없다. 자신의 인생을 걸고 무모한 '뭔가'에 도전하는 수밖에 없다. 그중에는 인생을 바꿔보겠다고 일확천금을 노리고 저축한 전부를 주식에 투자한 사람도 있을 것이다. 또 어떤 이는 안정된 직장을 그만두고 빚으로 회사를 차린 사람도 있을 것이다.

페르마의 마지막 정리를 비롯한 미해결 문제에 관련된 사람들, 그들 역시 이 사람들처럼 불운한 상황이 타파되기를 기대하며 위험부담을 각오하고 무모한 길을 선택한 것은 아닐까.

그런 그들을 누가 비웃을 수 있겠는가? 그들은 결코 붐을 타고 일을 벌이다가 분위기가 사그라짐과 동시에 그만두는 경박한 도전자들과는 차원이 다르다. 그들은 인생을 통째로 미해결 문제에 건 것이다. 그러니 아무렇지 않게 10년, 20년이라는 막대한 시간을 미해결 문제에 쏟아붓는다. 그리고 또 쏟아붓는다. 그러면 그럴수록 더욱 되돌리기는 힘들어진다.

낡은 도서관에서 '페르마의 마지막 정리'를 만난 한 남자. 그도 이미 10년이라는 막대한 시간을 마지막 정리의 증명에 허비해 버렸다. 그런 그가 이제 와서 상황을 수습할 수는 없다. 지금에 와서 자기 입으로 '이 문제는 해결하지 못했다'고 말하는 것이 허락될 리 없다.

남자는 세월을 허비하고 또 허비한다. 그리고 20년의 시간이 지난다. 그래도 남자의 바람은 이루어지지 않는다. 결국에는 노인이 되고 병으로 몸져누워 의사한테서 이제 얼마 남지 않았다는 선고를 받기에 이른다.

아아, 그는 남은 나날을 어떻게 보낼까. 가족이나 아이들과 추억을 이야기하며 평온하게 보낼까. 아니다! 절대 아니다!

그는 페르마의 마지막 정리를 증명하는 것에 시간을 쏟을 것이 뻔하다.

이미 그의 영혼은 페르마의 마지막 정리를 증명하는 것으로밖에 구제받지 못한다. 만약 증명을 하지 못했다고 한다면 지금까지 자신의 인생은 무엇이었다고 해야 할까. 여태까지 바쳐 왔던 수십 년이라는 시간은 무엇이었을까.

이대로 끝나서는 안 된다. 주변에서 이상한 사람으로 취급받고 멸시당해 온 인생, 그런 구제받기 어려운 인생으로 끝나는 일이 생겨서 좋을 리가 없다. 어쩌면 뜻밖에 페르마의 마지막 정리를 풀 아이디어가 죽음 직전에 떠오를지도 모른다!

그는 머리맡에 종이와 연필을 준비해달라고 부탁한다. 아이디어가 언제 떠오를지 모르니 그때 바로 적어둘 수 있도록.

증명만 하면 모든 것이 역전된다. 모든 것이 구원받는다. 모든 것을 보상받을 수 있다. 죽더라도 이름이 남고 자신은 천재이며 주목할 가치가 있는 인간이었다는 것을 세상은 비로소 깨달을 것이다. 자신의 일생은 결코 무의미한 것이 아니었다고 굳게 믿으며 남자는 죽기 직전까지 마지막 정리의 증명을 쫓아가다 무엇 하나 얻은 것도 없이 죽는다.

아아, 그는 악마에게 매수당해 버렸던 것이다.

학문의 세계에 소리도 없이 엎드려 있는 '미해결 문제'라는 이름의 악마. 그놈은 사람들의 호기심을 자극해 학문의 발전을 담당하는 한편, 종종 사람들의 인생을 송두리째 흔들어 수많은 인간들의 인생을 집어삼켜 왔다. 페르마의 마지막 정리는 그중에서도 가장 두렵고 강한 힘을 가진 악마이다.

오늘도 이 악마는 피리를 불며 사람들을 매혹해서는 한 사람 또 한 사람 그 수를 더해나간다. 모여든 자들은 마음에 상처를 안고 불운한 인생을 사는 사람들이다. 예를 들면, 고학력이면서 원하는 직업에 종사하지 못한 자이거나, 공부는 자신 있지만 사람들과의 관계가 서툴러 직장에서 따돌림 당하는 자들. 혹은 대학에 남았지만 정치적 수완이 없는 탓에 직책을 얻지 못하고 대학에서 내몰린자들.

그런 사람들이 감미로운 피리 소리에 이끌려 하나둘 악마의 가두 퍼레이드에 가세한다. 퍼레이드가 향하는 마지막은 절망이라는 이름의 낭떠러지다. 아아, 일찍 깨닫지 않으면 까마득한 벼랑 밑으로 처박힐 상황. 그런데도 피리 소리에 혼을 빼앗겨 구원받을 길 없는 결말을 아무도 눈치채지 못한다.

그럼에도 악마는 불만이 가득했다. 왜냐하면 그 퍼레이드에 참여하고 있는 사람들은 하나같이 행복한 듯 보였기 때문이다. 그들은 누구나 '자기야말로 마지막 정리를 증명할 수 있다'고 굳게 믿고 있었다. 그리고 자신이 성공한 모습을 상상하고는 벼랑 끝에서 마지막 한 걸음을 내딛는 그 순간까지도 너무나 즐겁게 웃고 있는 것이다.

악마는 그것마저도 용납하지 않는다. 절대로 허락할 수 없다. 그들에게 '절망'이라는 이름의 공포를 떠올리게 하려고 악마는 퍼레이드의 진로를 바꾸기로 결정했다. 그리고 퍼레이드가 향한 그 끝은…….

그곳은 수학의 세계에 홀연히 등장한 최악의 나락, '불완전성 정리'라고 불리는 무시무시한 심연이었다.

마술사 카르다노

16세기경, 수학자들 사이에서는 3차방정식을 주제로 한 공개 시합이 자주 열렸다. 당시, 그 시합의 챔피언은 피오르$^{\text{Antonio Maria Fior}}$라는 인물이었다. 그는 스승으로부터 3차방정식의 공식을 비밀스럽게 전수받고 그 비책을 찾아 승리를 거듭했다. 단, 그 공식은 만능이 아니라 한정된 형태의 3차방정식에만 적용되는 것이었다.

그러던 어느 날, 수학자 타르탈리아$^{\text{Niccolo Fontana Tartaglia}}$가 피오르에게 도전장을 내밀었다. 노력가로 알려진 고명한 수학자 타르탈리아는 독학으로 피오르가 알고 있는 공식을 넘어서, 어떤 3차방정식도 풀 수 있는 만능의 공식을 개발했다.

결국 타르탈리아가 압승하고 그가 수학 배틀의 새 챔피언이 되었다. 세간은 3차방정식의 해의 공식을 발견해낸 수학자의 등장에 열을 올렸다. 수많은 사람들이 '부디 그 공식을 좀 가르쳐주세요'라며 타르탈리아 곁으로 몰려들었다.

카르다노$^{\text{Girolamo Cardano}}$도 그렇게 타르탈리아의 곁에 다가간 사람이었다. 그는 이 해의 공식을 전수받기 위해 타르탈리아에게 간절히 애원했다. 물론 타르탈리아는 거절했지만 카르다노는 포기하지 않고 집요하게 들러붙었다. 때로는 위협도 하고 때로는 구슬리면서 온갖 수단을 동원해 타르탈리아한테서 비법을 얻어내려고 했다.

카르다노는 철학자이자 의사, 점술사였고 확률론을 구사한 사기꾼이었으며 나아가서는 투옥된 경험도 있는 상당히 수상쩍은 인물이었다. 그런 카르다노의 집요한 탄원에 결국 타르탈리아도 꺾이고 말았다. 그는 '누구에게도 가르쳐주지 말 것'을 다짐받은 다음 3차방정식의 해의 공식을 전수하기에 이른다.

하지만 카르다노는 그 약속을 보기 좋게 깨버리고 그 해의 공식을 담은 《위대한 기술》이라는 제목의 책까지 출판한다. 물론 타르탈리아는 화가 머리끝까지 치밀었다. 그는 카르다노를 철저히 응징해 주겠노라며 공개 석상에 얼굴을 내밀었다. 그러나 카르다노는 미꾸라지처럼 빠져나가고 대신 자신의 제자인 젊은 수학자 페라리를 보냈다.

그래서 타르탈리아와 페라리는 공개적으로 승부를 가르게 된다. 그런데 카르다노가 보낸 페라리는 후에 4차방정식의 해의 공식을 발견한 천재 중의 천재로 타르탈리아를 깨끗이 이긴다.

이렇게 해서 타르탈리아의 명성은 실추되고 카르다노는 타르탈리아의 추적을 따돌리는 데 성공한다.

이런 경위 때문에 현재 3차방정식의 해의 공식은 '카르다노의 공식'으로 세간에 알려지게 되었다(4차방정식의 해의 공식은 '페라리의 공식'으로 불리고 있다).

이처럼 카르다노는 타인의 성과를 훔친 극악무도한 인간이지만, 한편에서는 수학의 연구 성과를 숨기지 않고 세간에 알린 인물로 평가받기도 한다.

실제로 만약 타르탈리아가 갑작스럽게 죽기라도 했다면 모처럼 발견된 해의 공식은 물거품이 되어 후세 사람들이 재발견해야 했을 것이다. 만약 수학자들이 수학의 성과를 발표하지 않고 숨기면 후세 사람들이 말할 수 없는 고생을 해야 했던 것이다. 그 때문에 카르다노의 사건 이후, 이러한 신비주의 문화는 서서히 바로잡히고 공식 발견의 영예는 발안자가 아니라 발표자에게 수여하는 문화로 바뀌었다.

그렇지만 고생 끝에 발견한 공식을 타인에 의해 발표당하고 많은 사람들 앞에서 수치심까지 맛보아야 했던 타르탈리아의 가슴은 얼마나 까맣게 타들어 갔을까…….

제3장

수학의
구조와 한계

수학왕 가우스와 보여이 부자
힐베르트 프로그램
괴델의 불완전성정리

수학왕 가우스와 보여이 부자

아들아, 그 문제에 연관되어서는 안 된다. 그것은 모든 빛을
집어삼키고 인생의 온갖 기쁨을 앗아가는 깊은 어둠이다.

페르마의 마지막 정리 이야기를 계속하기 전에 시대를 조금 되
돌려 가우스 이야기부터 해 보자.

가우스는 '수학왕' '수학의 황제'라고 불린다. 그는 19세기에
살았지만 '현대수학의 기초는 가우스가 구축했다'고 할 정도로
중요한 업적을 남긴 인류 역사상 최고의 수학자이다. 하지만, 사
실 그 업적의 대다수는 그의 사후 남겨진 메모나 노트에서 발견
된 것들이다. 1800년대에 이미 놀라운 성과를 남겨 놓았으면서
도 왜 그는 그것들을 발표하지 않았을까?

가우스가 자신의 수학적 성과를 발표하지 않은 것은 두 가지
이유가 있었다.

하나는 그가 소위 말하는 '완벽주의자'였다는 점이다. 가우스는 아무리 새로운 이론이나 아이디어가 떠올라도 그것에 대해 충분히 검토를 거듭하고 자기 안에서 완전히 연구를 마쳤다고 확신한 경우에만 발표하는 성격의 소유자였던 것 같다.

또 하나는 그가 논쟁을 싫어했다는 점이다. 가우스는 '자신의 연구 성과를 발표함으로써 주위를 소란하게 하거나 쓸데없는 토론에 휘말리는 것은 피하고 싶다'는 뜻을 친구한테 보낸 편지에서 밝히고 있다. 분명 가우스의 서재에서 발견된 이론의 대다수는 당시의 수학자들이 미처 이해하기 어려운 선구적인 것으로 가령 발표한다고 해도 받아들여질 것은 아니었다.

요컨대 가우스의 수학은 동시대의 수학자들과 비교해 수십 년이나 앞서 있었던 것이다. 가우스가 바로 이런 인물이었기 때문에 당시 수학자들은 모두 가우스를 두려워하게 되었다.

'어쩌면 지금, 내가 연구하고 있는 수학이론은 이미 가우스가 연구를 마친 것은 아닐까?'

이런 의구심에 휩싸이는 것이다. 실제로 어느 수학자가 고심 끝에 발견해낸 수학이론은 가우스가 이미 수십 년 전에 연구를 마친 것임이 여러 차례 밝혀졌다. 그 때문에 수학자들은 새로운 수학이론을 발표할 때마다 그 자리에 가우스가 있으면 묘한 긴장감을 느꼈다고 한다.

잠깐 상상해 보자. 어떤 수학자가 몇 년이나 연구에 뛰어들어 그 시대에 선구적이고 획기적인 이론을 발표할 시점까지 가까스로 도달했다고 하자. 평소라면 그 성과를 발표함으로써 청중은 감명을 받고 찬사의 박수를 보낼 것이다. 그것은 지금까지의 노고를 한 번에 보상받는 순간이기도 하다. 즉, 연구자로서 최고의 순간인 것이다.

하지만 그 자리에 가우스가 있었다면, 이미 그에 대한 연구를 마치고 훨씬 자세하게 정리해놓은 이론을 가지고 와서 아직 불완전한 점과 개선 방법까지도 약간 귀찮은 표정으로 지적해 줄지도 모른다! 한 천재 앞에서, 몇 년간의 노력이 전혀 가치 없는 것으로 단정 지어지는 순간. 그 순간만큼 괴로운 일이 또 있을까. 그리하여 새 이론의 발표자들은 하나같이 가우스의 안색을 살피며 발표하게 되었다.

이런 일화들에서도 알 수 있듯이 가우스의 수학은 수십 년 미래의 시대로 앞서 가 있고 타의 추종을 불허하는 수준이었던 것은 의심할 여지조차 없다. 반대로 말하면 너무 앞서 버린 천재는 자신의 수학을 공유할 사람이 아무도 없어 고독감을 맛보았을지도 모른다.

그런데 가우스의 시대에는 이런 수학의 미해결 문제들이 꽤 있었다.

'기하학의 제5공리는 정말 공리일까? 이 제5공리를 어떻게든 정리로 도출할 수는 없을까?'

여기서 공리란 '올바른지 아닌지 증명해낼 수는 없으나 어쨌든 올바른 것으로 가정하는 암묵적인 이해'를 말한다. 이를테면, 우리가 학교에서 배우는 유클리드 기하학(삼각형이나 사각형 같은, 평면에 그린 도형의 학문)은 다음 5가지의 공리로 이루어져 있다.

① 어떤 두 점도 직선으로 연결할 수 있다.
② 선분을 연장해서 무한히 긴 직선을 만들 수 있다.
③ 중심과 반지름이 정해지면 원을 그릴 수 있다.
④ 모든 직각은 똑같다.
⑤ 하나의 직선이 두 개의 직선과 만나 같은 쪽의 내각의 합이 두 직각보다 작다고 할 때, 이들 두 직선을 한없이 연장하면 두 직각보다 작은 각이 있는 쪽에서 만난다.

이것들을 보아도 알 수 있듯이 유클리드 기하학은 매우 간단하고 자명한 명제로 이루어져 있다. 하지만 너무 간단해서 그것 자체를 증명하기란 매우 어렵다. ①의 '어떤 두 점도 직선으로 연결할 수 있다'는 명제 같은 것을 어떻게 기하학적으로 증명하면 좋을까. 이렇게 간단하니까 이미, '그런 건 당연한 거 아냐! 그만 됐으니까, 이건 올바른 것으로 간주하자!'라고 말할 수밖에 없다.

기원전의 아득한 옛날, 유클리드는 "이제 말이지, 이것은 증명하려고 하지도 않겠지만 확실히 올바른 것으로 생각하자"는 명제를 5개 모아서 공리로 할 것을 결심했다. 이 5가지의 공리를 토대로 논리적으로 생각하면 '삼각형의 내각의 합은 180도이다' 와 같은 정리도 도출될 수 있다. 유클리드는 그러한 정리를 점점 쌓아나가면서 기하학이라는 이론체계를 만들어냈던 것이다.

그런데 여기서 5번째 공리를 살펴보자. 그림으로 설명하면 다음과 같다. 요컨대 각 A와 B의 합이 180도 미만인 경우, 두 개의 직선은 반드시 오른쪽에서 만난다는 이야기다.

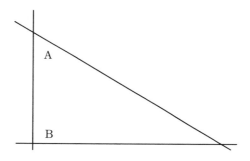

이 5번째 공리는 '평행선 공리'라고 불린다. 간단히 말하면 '두 직선은 이런 조건으로 만납니다'라는 내용이 되는데 다른 공리에 비해 약간 긴 듯한 느낌이 들지 않는가?

옛날 사람들도 여기에 신경이 쓰였던 것 같다. 다소 긴 다섯 번째 명제를 공리에서 밀어내기 위해, '어떻게든 ① ~ ④의 공리만으로 ⑤의 결론을 이끌어낼 수는 없을까' 하고 유클리드 기하학이 성립된 이래 쭉 생각해왔다.

①~④의 공리만으로 ⑤의 결론을 이끌어낸다면 네 가지의 간단한 공리만으로 기하학이 성립되어 매우 깔끔해진다. 물론 그것이 가능하다고 해서 지금까지의 유클리드 기하학과 달라질 것은 없지만 복잡한 것을 보다 간단하게 하는 것은 수학자들이 목표로 해야 할 미덕이다. 게다가 2000년이 넘게 수학의 기초로 사용되어 온 유클리드 기하학을 더 간단하고 아름답게 수정할 수만 있다면 그야말로 역사적 쾌거일 것이다. 이런 이유에서 많은 수학자들이 이 문제에 도전했다.

실은 가우스도 학생 시절에 이 미해결 문제에 흥미를 갖고 도전한다. 이미 대학 강의가 부족하지 않게 된 가우스는 종종 강의를 제쳐놓고 친구인 파르카스 보여이와 함께 이 문제에 대해 토론하곤 했다.

하지만 유감스럽게도 둘은 이 문제를 풀지 못하고 대학을 졸업해 각자의 고향으로 돌아간다. 그 후 가우스는 뛰어난 수학자로서 세상에 인정받는다. 바로 셀레스라고 불리는 소혹성의 궤도를 계산한 것이 계기였다.

당시 셀레스는 '나타나서는 바로 사라져 버리고 다음에 어디에서 나타날지 알 수 없는' 괴이한 소혹성으로 이름이 알려져 있었다. 그 시대의 어떤 뛰어난 천문학자들도 셀레스가 언제 어디에 나타날지를 정확히 예측하지 못했다. 그때 대학을 갓 졸업한 20대의 젊은 청년 가우스가 완전히 새로운 계산법을 개발해 셀레스의 궤도를 계산했고 그 계산대로 셀레스가 나타나면서 일약 유명세를 떨치게 된다.

한편 가우스의 친구인 파르카스는 고전을 면치 못했다. 몰락한 귀족 출신이었던 그는 귀족사회로부터 지원이 끊기고 무일푼의 신세가 된다. 하는 수 없이 안정된 직장을 찾지만 수학과는 아무 관계도 없는 박봉의 힘든 직장이었다.

그런 생활 속에서도 수학을 향한 열정은 사라지지 않았고 특히 학창 시절 가우스와 함께 탐구하던 제5공리의 문제를 잊을 수가 없었다. 그는 생활고에 시달리면서도 여가의 전부를 할애해 이 미해결 문제에 꾸준히 매달렸다.

'학창 시절을 함께 보냈던 가우스는 지금 세계적으로 유명한 대수학자로 이름을 날리고 있다. 그런데 나는……'

어쩌면 이런 질투심, 열등감이 그의 가슴 속에 늘 남아 있었는지도 모른다. 만약 이 제5공리의 문제를 해결할 수만 있다면 그는 그야말로 일류 수학자 반열에 오를 수 있다. 가우스와 어깨를 나란히 하고 지금의 곤경에서 벗어날 수 있을 것이다.

고심 끝에 파르카스는 드디어 증명을 해낸다! 제5공리가 다른 공리로부터 도출되었음을 증명한 것이다!

그는 증명을 가우스에게 보냈다. 그러나 가우스는 그 증명에 분명한 오류가 있음을 발견하고, 그의 성과가 전혀 도움이 되지 않는 가치 없는 것임을 지적했다. 여기에 충격을 받은 파르카스는 이 미해결 문제에 대한 도전을 포기하고 말았다.

이렇게 해서 파르카스가 제5공리의 문제를 풀어 일류 수학자가 되는 길은 닫히고 만다. 그러나 파르카스는 자포자기하지 않았다. 왜냐하면 그에게는 한 가지 희망이 남아 있었으니까. 아들 야노시 보여이$^{\text{Janos Bolyai}}$가 놀랄 만한 천재였던 것이다.

그의 아들 야노시는 13세에 이미 수준급의 바이올린 실력을 보였으며 미적분이나 해석역학을 마스터하고 여러 나라의 언어를 구사할 줄 아는 천재였다. 파르카스는 이 뛰어난 아들이 역사에 이름을 남길 대수학자가 되기를 바라며 직접 수학을 가르치는 등 교육에 심혈을 기울였다.

그러던 중 파르카스는 놀라운 사실을 알게 된다. 아들 야노시도 아버지와 똑같이 제5공리의 미해결 문제에 손을 대고 있었던 것이다.

아버지는 아들에게 충고했다.

"아들아, 그 문제에 연관되어서는 안 된다. 평생을 매달리게 될 거야. 그것은 모든 빛을 집어삼키고 인생의 온갖 기쁨을 앗아 가는 깊은 어둠이다. 나 자신이 그곳을 지나왔으니까 이런 말을 할 수 있는 것이다. 내 평생의 소원이니 부디 포기하거라. 그렇지 않으면 너의 모든 시간을 빼앗기고 건강도 마음의 평안도 행복한 인생도 반납해야만 할 것이다."

파르카스는 미해결 문제라는 이름의 악마가 얼마나 무서운 존재인지를 온몸으로 알고 있었다. 아버지로서 아들의 재능이 미해결 문제에 관련되어 쓸데없이 낭비되는 것을 손 놓고 볼 수는 없었다.

그러나 혈기 왕성한 젊은이였던 야노시는 아버지의 충고에 귀를 기울이지 않았다. 야노시는 그 후, 이 미해결 문제에 인생을 바치기로 한다.

그는 도대체 무엇 때문에 이 미해결 문제에 빠져들었을까? 순수한 수학자로서의 흥미였을까, 역사적인 미해결 문제를 풀어내고 싶은 명예욕이었을까.

그는 참담하게 패배한 아버지 앞에 당당하게 나서고 싶었는지도 모른다. 아니면, 아버지가 해내지 못했던 것을 해내어 아버지를 뛰어넘고자 했을 수도 있다. 아니 어쩌면 아버지의 무념을 맑게 걷어주고 싶었는지도 모른다. 또한 그 모든 것이 섞인 복잡한 감정이었을지도. 어쨌든 야노시는 이 미해결 문제에 뛰어들었다.

물론 수천 년 동안 수학자들을 따돌렸던 미해결 문제였기에 야노시의 재능을 가지고서도 해결에 이르는 경우는 없었다. 하지만, 그 연구의 부산물로 야노시는 제5공리를 다른 것으로 바꾸면 완전히 다른 기하학(비유클리드 기하학)이 만들어지는 것을 발견한다. 그는 그것을 '절대기하'라고 이름 붙였다.

그것은 과연 천재에게 적합한 혁명적인 발견이었다. 기하학의 공리를 변경하면 완전히 다른 기하학 체계가 만들어진다는 발견. 다섯 번째 공리를 바꿈으로써 왜곡된 종이나 곡면에 그려진 도형을 다루는 것도 가능해졌다.

요컨대 그 후 수학은 '이런 공리를 가정하니 이런 수학 체계가 완성되는군요'라는 식으로 공리를 자유롭게 변경하는 방향으로 바뀌어나간다. 야노시의 발견은 그 전환점이 되는 역사적 발견이었다.

결국 야노시는 제5공리의 미해결 문제는 풀지 못했지만 이 발견으로 틀림없이 의기양양했을 것이다. 아버지가 포기한 문제를 쫓아갔지만 풀지 못하고 비탄에 빠질 줄 알았는데 수학의 역사를 뒤집는 대발견을 한 것이니까.

야노시는 아버지에게 자신의 성과를 보고한다. 아들의 훌륭한 성장에 감동한 아버지 파르카스는 크게 기뻐하며 그 성과를 가우스에게 보냈다. 하지만 가우스의 대답은 다시 파르카스를 절망으로 내몰았다.

"유감스럽게도 아들의 논문에 박수를 보낼 수는 없군. 왜냐하면 그것은 나 자신을 칭찬하는 것이 될 테니까. 아들이 발견한 결과는 내가 발견한 결과와 일치하네. 그 일부는 30년 전으로 거슬러 올라간다네. 더구나 나는 그 발견을 살아 있는 동안에 발표할 생각은 없네. 대부분 사람들은 이 문제를 명확하게 이해할 수 없을 거야. 단, 이 발견이 내가 죽음으로써 사라지지 않도록 훗날 모든 것을 써서 남길 생각이었네. 그러나 그 귀찮은 작업을 하지 않아도 되는 것은 매우 기쁘고, 그것을 이루어낸 것이 다름 아닌 오랜 친구의 아들이라는 점이 특히나 기쁘군."

그것은 요컨대 '야노시의 발견을 가우스는 오래전에 이미 알고 있었지만 소란스러워지는 것이 싫어서 발표하지 않았다'는 내용이었다.

물론 가우스에게 악의는 없었다. 그리고 같은 발견을 혼자 힘으로 이뤄낸 야노시를 축복하고 다른 친구에게는 '그는 일류급의 천재다'라고 평가하고 있다. 하지만 야노시 입장에서 보면 자신의 인생을 걸고 겨우겨우 도달한 것이 까마득히 위에 있는 천재한테서 가치 없는 일로 단정 지어진 것이나 다름없었다.

야노시는 이 일로 무너졌다. 아버지의 우려대로 야노시의 정신은 불안정해지고 몸도 쇠약해졌다. 결국에는 그렇게 사이좋았던 부자관계마저 무너져 그 후 그의 인생은 비참하다는 말 한마디로 축약되었다.

아아, 만약 그가 미해결 문제를 만나지 않았더라면……. 분명 그의 인생은 전혀 다른 모습이 되었을 것이다. 아버지의 충고를 받아들여 미해결 문제 같은 것에 손을 대지 않고 평범하게 수학 연구에 몰두했더라면, 가우스조차 '일류급의 천재'라고 칭하던 그의 재능에 걸맞은 성과를 내 대수학자로서의 명성을 원하는 만큼 얼마든지 얻을 수 있었을 것이다.

하지만 그랬다고 해서 누가 야노시에게 돌을 던질 수 있을까. 아버지가 패배하고 포기한 문제를 눈앞에 둔 재기 넘치는 아들에게, 그것에 도전해서는 안 된다고 누가 말할 수 있을까.

결국 '살아 있는 동안에 이 발견을 공표할 생각은 없다'고 말한 대로 가우스는 야노시의 재능은 인정했으나 그 발견의 뒤를 밀어줄 수는 없었다. 인쇄기술도 유통도 아직 발전하지 않았던 이 시대에 가우스 같은 저명인사의 후원이라도 있지 않는 한 혁신적인 수학 논문이 세간이 퍼지기는 어려웠다. 그대로 야노시의 발견은 역사의 그늘 속에 묻혀 버리고 아무런 평가도 받지 못한 채 쓸쓸하게 생을 마감하는 수밖에 없었다.

하지만 역사는 그를 결코 잊어버린 것은 아니었다. 야노시의 사후, 그의 성과는 가우스가 생전에 남긴 메모가 계기가 되어 재평가 받게 된다. 그 결과, 야노시 보여이는 공적을 인정받았고 탄생 100주년을 기념하여 보여이상도 제정되었다. 5년에 한 번 수여되는 그 상은 당시 최고의 수학상으로 여겨졌다.

사후의 일이기는 하지만 아버지 파르카스의 바람은 결국 이루어진 것이다.

힐베르트 프로그램

x나 y 같은 수학기호에 현실 세계의 의미를 부여할 필요는 없다.
애초에 수학이란 기호의 관계성을 다루는 논리적 세계의 학문이며
종이 위에 기호를 나열해 일정한 룰에 따라 변형하는 게임이다.

'유클리드 기하학의 다섯 번째 공리(평행선의 공리)를 변경하면 완전히
다른 체계의 기하학이 창조된다.'

야노시 보여이가 살아 있는 동안에는 평가된 적이 없던 이 발견은 가우스의 메모를 통해 세간에 알려지면서 그 중요성을 알아본 수학자들이 나타났다. 나중에 보여이상의 수상자가 되는 독일의 수학자 힐베르트가 그중 한 사람이다.

1899년, 힐베르트는 야노시의 발견에 기초한 《기하학의 기초》라는 혁명적 서적을 간행해 수학계 - 특히 젊은 세대의 수학자들 - 에 커다란 감동과 충격을 주었다. 그 내용은 다음과 같다.

1. 공리는 얼마든지 바꿔 넣어도 좋다

요컨대 야노시의 발견은 '유클리드 기하학의 다섯 번째 공리를 다른 공리로 대체하니 다른 수학 체계가 만들어졌다'는 이야기이다. 그런데 이것을 잘 생각해 보면 굳이 다섯 번째 공리에만 국한할 필요는 없다. 네 번째 공리를 바꿔 넣어도 되고 두 번째 공리를 바꿔 넣어도 상관없다. 뿐만 아니라 완전히 다른 공리를 가져와서 전부 다 바꿔 넣을 수도 있을 것이다.

애당초 유클리드 기하학의 공리가 적용된 것은 사실상 단순한 관습에 지나지 않는다. 그러니까 그런 관습에 얽매이지 않고 수학자들은 스스로 자유롭게 공리를 정해 새로운 수학 체계를 만들어내도 좋은 것이다.

실제로 힐베르트는 '결합의 공리, 순서의 공리, 합동의 공리, 평행의 공리, 연속의 공리'라고 하는 새롭게 정의한 5가지의 공리를 이용하여 유클리드 기하학과 동등한 체계를 재구축할 수 있음을 분명하게 나타내 보였다. 즉 힐베르트는 세상을 향해 이렇게 외쳤던 것이다.

"수학이 어떤 공리를 선택할지는 자유다!"

2. 수학은 현실 세계에 사로잡힐 필요가 없다

예부터 수학은 현실 세계의 어떤 것을 나타내기 위한 도구였다. 예를 들어, '운동방정식은 물체의 운동을 나타내기 위한 것'처럼 공식은 땅의 면적이나 물체의 무게를 구하는 것 등, 반드시 현실 세계에 대응하는 용도를 갖고 있었다.

실제로 우리 역시 어떤 식을 보면 이렇게 물을 것이다.

"이 식은 현실 세계의 무엇을 나타내고 있나요? x는 높이? 아니면 무게?"

하지만 그것에 대해 힐베르트는 이렇게 말한다.

"x가 무엇인지 따위는 아무래도 상관없어! 그런 것은 수학의 체질과는 아무 상관도 없다고!"

힐베르트는 수학에서 사용되는 x라든가 y에 대해 그것이 '길이'나 '무게' 등 현실 세계의 어떤 대상을 가리키고 있든 간에 수학의 체질로 보면 아무래도 상관없고 오히려 x나 y는 '의미 없는 기호(무정의 개념)'여야 마땅하다고 생각했다.

결국 수학에 있어서 정말 중요한 것은 그들 기호끼리의 관계성이며 그 관계성에서 무모순성이 성립된다면 x나 y가 무엇을 나타내든 수학적으로는 아무 상관없다는 생각을 힐베르트는 피력했던 것이다. 이를테면 다음 식을 보자.

$$x + y = z$$

위와 같은 식의 기호를 '컵'이나 '테이블'처럼 의미를 갖지 않은 것으로 바꿔 넣어(따라서 '+'나 '='도 다른 기호로 바꿔 넣었다고 가정),

컵@테이블$의자

라는 의미 불명의 기호열을 만들었다고 하자. 그들 기호 사이에 제대로 '모순 없이 맞물리는 관계성(정합성)'이 있다면 수학의 식으로 간주해도 좋은 것이다. 물론 그런 수학을 만드는 것이 현실에는 아무 도움도 되지는 않지만 그것쯤은 수학에서 전혀 상관 없는 일이다. 이것을 극단적으로 말하면 다음과 같다.

"현실에 도움되거나 그렇지 않거나 수학은 그것을 전혀 신경 쓸 필요가 없다. 그러니까 x나 y 같은 수학기호에 현실 세계의 의미를 부여할 필요는 없다. 애초에 수학이란 기호의 관계성을 다루는 논리적 세계의 학문이며 종이 위에 기호를 나열해 일정한 룰에 따라 변형하는 게임이다."

즉 힐베르트는 세상을 향하여 이렇게 외친 것이다.

"수학은 현실 세계로부터도 자유롭다!"

이러한 힐베르트의 자유선언을 계기로 수학 체계란 소수의 기본적 명제(공리)를 선택해 만들어지는 '기호의 관계성(룰)의 구조

물'이라고 간주되었다. 그리고 수학은 '현실 세계와의 대응이나 실용성에 얽매이지 않고 기호의 관계성의 구조를 탐구하는 학문'으로 여겨지게 되었다.

그 결과 수학은 '그러니까 그것이 무슨 도움이 된다는 거지?'와 같은 실용성의 제약으로부터 해방되어, 보다 폭을 넓혀 고도로 발전하게 된다. 그 탓에 수학은 현실적인 직감적 이해가 작용하지 않는 추상적이고 난해한 것으로, 일반인이 다가가기 어려운 학문이 되어 버렸다.

그런데 힐베르트는 단지 '수학은 자유다'라고만 외친 것은 아니었다. 그는 공리를 자유롭게 선택해도 된다고 말하면서도, '공리는 이렇게 선택해야 한다'는 공리의 적용기준도 동시에 서술하고 있다.

힐베르트가 서술한 공리의 적용기준은 하나같이 합리적인 것으로, 여기서 몇 가지 소개해 보고자 한다.

① 공리의 독립성

우선, 유클리드 기하학에 이런 여섯 번째 공리를 덧붙인 경우를 생각해 보자.

'삼각형의 내각의 합은 180도이다.'

어떤 공리를 덧붙여도 문제는 되지 않으니까 이 공리를 유클리드 기하학에 덧붙여 완전히 새로운 수학 체계를 만들어내도 상관없을 것이다. 하지만 이 여섯 번째 공리를 더해도 원래의 기하학 체계에 아무런 변화도 일어나지 않는다. 왜냐하면 이 여섯 번째 공리는 원래부터 존재하는 5가지의 공리로부터 도출할 수 있는 정리이기 때문이다. 5가지 공리만으로 도출한 것을 여섯 번째 공리로 덧붙여도 수학 체계 전체에서는 아무런 변화도 일어나지 않는다. 즉 이 여섯 번째의 공리는 덧붙이거나 떼어내어도 결과가 변하지 않는 공리가 된다. 이러한 공리는 덧붙일수록 쓸데없는, 즉 '불필요한 공리'라고 할 수 있다.

② 공리의 무모순성

예를 들어, 적당히 공리를 선택해 어떤 수학 체계를 만들어 어떤 방정식을 조작(룰에 따라 식을 변형)한 결과, $x=3$이 도출되었다고 하자. 이때 그것과 똑같은 방정식을 방법을 바꾸어 조작해보니 이번에는 $x \neq 3$가 도출되었다고 한다면, 그 수학 체계에는 '모순이 있다'는 이야기이다.

모순이 있는 수학 체계는 수학자에게 더 이상 관심거리가 아니므로 만들어내도 소용없다. 그렇다고 한다면 처음에 선택했던 공리가 적합하지 않았다는 말이 된다.

결국 1과 2에서 알 수 있듯이 '어떤 공리를 선택해도 된다'고 말하면서도 '하지만 이런 것은 선택해도 소용이 없다'는 최소한의 기준이 존재한다는 것을 알았을 것이다. 힐베르트는 이렇게 '이러한 공리의 선택 방법은 좋지 않다'는 것을 제대로 정리해 요약했다. 그리고 세상에 외쳤다.

"최소한의 공리로 이루어져 내부에 모순이 일어나지 않는, 어떤 수학 문제(기호의 관계성)가 제시되어도 진위의 판정이 가능한, 그러한 궁극의 수학 체계를 발견하여 수학의 완성을 목표로 해야 하지 않을까!"

이렇게 해서 1900년 힐베르트는 국제수학자회의에서 그 유명한 '힐베르트의 23개의 문제'를 발표한다.

힐베르트가 제시한 23개의 문제란, 다양한 수학 분야에서 기초적이며 중요한 문제만을 뽑아낸 것이다. 그는 그 문제들을 풀 수 있는 뛰어난 수학 체계를 만들어내자고 외쳤던 것이다.

"다양한 공리의 조합 중에 어떤 수학 문제라도 진위를 판정할 수 있고, 또한 일체의 모순이 없는, 가장 뛰어나고 완벽한 수학 체계가 존재할 것이다. 우리는 그런 궁극적인 수학 체계를 발견해야 한다!"

이 야심적인 호소에 수학계는 열광했다.

"오오! 우리 손으로 궁극적인 수학 체계를 만들어낼 수 있다니!”

‘힐베르트 프로그램’이라고 불린 이 계획은 국경을 초월한 수학자들의 일대 프로젝트가 되어 전 세계를 뜨겁게 달구어 나갔다.

과연 인류는 어떤 문제라도 풀 수 있을 것 같은, 모순이라고는 전혀 없는 완벽한 궁극의 수학 체계를 만들어낼 수 있을까…….

괴델의 불완전성정리

만약 처음부터 불가능한 문제에 도전했다고 한다면?
애초에 조각이 하나 없는 퍼즐을 받아
소중한 인생을 그런 거짓 퍼즐에 몽땅 바쳐온 것이라면?

궁극의 수학 체계를 만들어낸다!

잠깐 생각해 보자. 그 전에 처음에 만든 수학 체계가 '궁극'이라는 것을 어떻게 보장할 수 있을까? 적어도 만든 당사자가 '이것이야말로 궁극의 완전무결한 수학 체계다!'라고 말한 점만으로는 믿을 수 없다.

제대로 만들어진 수학 체계가 완전하다는 것은-'어떤 문제든 진위의 판정을 할 수 있을 것' 그리고 '내부에 모순이 발생하지 않을 것'은-수학을 사용해 증명하지 않으면 안 된다. 수학을 사용해 수학 자체가 완전하다는 것을 증명하는 것은 조금 이상하다는 느낌도 들지만 그것밖에 방법이 없으니 어쩔 수 없다. 어쨌든 이렇게 수학자들은 궁극의 수학 체계 완성을 꿈꾸며 일치단결하여 이 증명에 뛰어들었다.

하지만 결국 이 장대한 계획은 당시 25살이었던 무명의 젊은이가 발표한 악몽 같은 어떤 증명에 의해 깨지고 만다. 바로 '괴델의 불완전성정리'이다.

어떤 모순도 없는 수학 체계 중에 긍정도 부정도 할 수 없는 증명 불가능한 명제가 존재한다.

다시 말하면 다음과 같다.

'적절한 공리를 선택해서 아무리 훌륭한 수학 체계를 구축해도 그 체계에 참이라고도 거짓이라고도 할 수 없는 명제(기호의 관계식)를 반드시 만들게 된다. 결국 어떤 문제도 진위를 답할 수 있는 궁극의 수학 체계란 처음부터 만드는 게 불가능하다.'

이와 같은 것을 괴델^{Kurt Gdöel}은 수학적으로 증명했던 것이다. 그러나 이야기는 거기서 끝나지 않는다. 괴델의 '제1불완전성정리'라고 불리는 위의 증명의 정리로부터 다음의 '제2불완전성정리'가 도출된다.

어떤 수학 체계에 모순이 없다고 해도 그 수학 체계는 자기 자신에게 모순이 없다는 것을 증명할 수 없다.

결국 다음과 같은 결론에 이른다.

'제1불완전성정리에서 보았듯이 수학 체계 중에 증명 불가능한 명제가 존재한다는 것은, 수학 체계 안에 올바르다고도 그르다고도 할 수 없는 불분명한 영역, 즉 그레이존$^{gray\ zone}$이 내부에 있다는 것이다. 그러므로 수학 체계가 모순 없이 완벽하게 올바르다고 증명할 수는 없다.'

이 이야기를 조금 더 직감적으로 설명해 보자. 만약 당신이 어느 수학 체계 A를 한창 사용하는 도중에 어떤 모순이 발견되었다고 하자. 그때는 '아아, 이 수학 체계 A에는 모순이 있구나' 하면서 모순의 유무를 분명히 밝힐 수 있다. 그리고 또 다른 수학 체계 B를 사용하던 도중 아무 모순도 발견되지 않았다고 하자. 그렇다면 '이 수학 체계 B에는 모순이 전혀 없다'고 말할 수 있을까?

결코 그렇게는 말할 수 없다. 왜냐하면 수학 체계 B에 모순이 발견되지 않는다고 해도 '그 수학 체계에 정말 모순이 없는가,

아니면 모순은 있지만 현시점에서 아직 모순을 발견하지 못한 것뿐인가'를 구별할 수 없기 때문이다.

그것은 '모순이 없는 꿈'을 꾸는 상황과 매우 비슷하다. 꿈을 꾸고 있는데 현실과 분명히 다른 모순된 점이 있다면 당신은 모순이 있으니 이건 꿈이라는 것을 깨달을지도 모른다. 하지만 만약 꿈속에서 무엇 하나 모순이 발견되지 않았다면…… 과연 지금 당신이 서 있는 세계는 현실일까, 아니면 사실은 꿈인데 아직 모순을 찾아내지 못한 것뿐일까? 그 꿈속에 있는 인간 스스로는 구분이 가지 않는 것이다.

그럼 수십 년이나 되는 오랜 기간 동안, 한 번도 모순을 만나지 않았으면 이것이 현실이라고 믿어도 될까? 아니 그 기간 동안 모순을 만나지 않았다고 해서 그 세계에 모순이 없다거나 그것이 현실이라는 보장은 어디에도 없다. 역시 다음 순간, 시공이 갈라지는 지점인 그레이존에서 갑자기 악마가 나타나 '유감이군! 전부 꿈이었거든!' 하고 모든 것을 물거품으로 만들 가능성도 있는 것이다. 그 가능성은 원리적으로 말해 누구도 부정할 수 없다.

이것과 같은 이야기로, 어떤 수학 체계를 사용하고 있는데 모순은 하나도 발견되지 않았다고 해서 결코 안심할 수는 없다. 역시 그것은 아직 모순을 만나지 않은 것뿐일지도 모르니까. 그리고 어쩌면 바로 다음 순간 치명적인 모순을 만날지도 모른다. 그 경우 지금까지 쌓아온 수학 체계에서의 연구 성과는 모두 물거품이 된다.

요컨대 모순이 없는 것처럼 보이는 수학 체계를 만들어 만약 수천, 수만 년간 모순이 발견되지 않았다고 해도, 그리고 정말로 모순이 없었다고 해도 그 수학 체계에 일체의 모순이 없으며 괜찮다고 확신하는 일은 결코 불가능하다. 그러니까 수학자들은 어쩌면 지금 사용하고 있는 수학 체계가 당장 내일이라도 모순이 발견되어 붕괴될지도 모르는 위험을 항상 안고 수학을 계속해야 하는 것이다.

이렇게 괴델의 불완전성정리에 의해 수학에 일정한 한계가 있음이 드러났다.

당연히 이 정리의 증명은 '궁극의 수학 체계를 만들자' '수학이 완전하다는 것을 증명하자'고 의욕에 불타 있던 수학자들에게 커다란 충격을 안겨주었다. 모처럼 모두가 일치단결하여 서로 힘을 모아 궁극의 수학을 만들자고 분발하고 있을 때 '여기를 보세요, 그건 무리거든요'라고 찬물을 끼얹은 꼴이니까.

급기야 불완전성정리는 힐베르트 프로그램에 결정적인 타격을 주었다. 힐베르트가 내놓은 23개의 문제 중 하나가 불완전성정리에서 말하는 '참이라고도 거짓이라고도 할 수 없는 증명 불가능한 문제'임을 미국의 수학자 코헨[Paul Cohen]이 발견했다. 이것에 의해 수많은 힐베르트들의 야망, 즉 힐베르트의 23개의 문제를 증명할 수 있는 궁극의 수학 체계를 만들어내는 계획은 완전히 붕괴되어 버렸다.

자, 이쯤에서 페르마의 마지막 정리 이야기로 돌아가자. 사실 괴델의 불완전성정리가 발표된 후 힐베르트 무리들 이상으로 충격을 받은 사람들이 있었다. 그것은 페르마의 마지막 정리 증명에 평생을 바친 자들이다.

애당초 괴델의 불완전성정리의 의미는 '수학 체계 안에 참이라고도 거짓이라고도 할 수 없는 증명 불가능한 문제가 존재한다'는 것이다. 간단히 말하면 수학에도 증명 못하는 문제가 있다는 것이다. 그러니까 어쩌면 페르마의 마지막 정리도 '수학이 증명 못하는 문제' 중 하나이며 아무리 발버둥을 쳐도 절대로 풀 수 없는 문제인지도 모르는 것이다. 이것은 당시로서는 감히 생각할 수 없는 놀라운 일이었다.

당시에는 '페르마가 마지막 정리를 증명할 수 있었다고 생각한 것은 분명 어떤 착각일 것이다'라는 쪽이 이미 유력한 설로 자리잡고 있었다. 그럼에도 페르마의 마지막 정리의 도전자들은 하나같이 증명할 방법은 분명히 있다고 낙관적으로 생각했다.

'분명히 페르마의 마지막 정리 증명은 어렵다. 하지만 결코 불가능하지 않을 것이다. 인류는 아직 그 증명 방법을 모르는 것뿐이

다. 증명 방법은 반드시 있으니까 언젠가 누군가는 발견해낼 것이다.'

또한 수학은 인류가 손에 넣은 것 중에서 가장 강력하고 뛰어난 논리 체계이다. 따라서 '$x^n + y^n = z^n$이라는 식에서 n이 3 이상일 때 자연수의 해가 없다'는 명제가 정말 올바르다면 '그것이 옳다'고 증명할 방법이 반드시 존재한다는 것은 기정사실일 것이다. 또 만약 페르마가 역시 착각한 것이었고 사실은 이 정리가 잘못되었다고 한다면 수학은 '그것이 잘못되었다'고 증명할 수 있을 것이다.

'어떤 명제가 올바르다면 그것이 옳다는 것을, 혹은 잘못되었다면 그것이 잘못되었다는 것을 인간은 이성을 이용해 반드시 알아낼 수 있다.'

이것이 도전자들의, 그리고 수학이나 논리, 이성을 도구로 문제를 풀려는 자들의 공통된 신앙이었다. 그런데 그것이 괴델의 불완전성정리에 의해 전복된 것이다.

즉, $x^n + y^n = z^n$이라는 식에서 n이 3 이상일 때, x, y, z에 어떤 자연수를 대입해도 식을 만족하지 못한다(결국 좌변과 우변의 숫자가 일치하지 않는다)는 것이 정말 올바르고 우주의 영원하고 보편적인 진리라고 해도, 인간은 그렇다는 것을 알 수 없을 가능성이 있다는 것이다.

'수학에는 한계가 있고 결코 만능의 것은 아니다. 따라서 어쩌면 페르마의 마지막 정리는 증명하기가 어려운 것이 아니라 처음부터 증명하는 것이 불가능한 문제였는지도 모른다.'

이 말은 페르마의 마지막 정리에 도전하는 사람들을 파르르 떨게 하기에 충분했다. 그도 그럴 것이 페르마의 마지막 정리는 인생의 전부를 바쳐야 할 만큼 세상에서 제일 어려운 퍼즐이지만 정답이 있다고 생각하니까 모두 도전하고 있는 것이었다. 답이 있다고 믿으니까 시행착오를 거치면서도 퍼즐을 푸는 것을 즐길 수 있는 것이다.

하지만 그 퍼즐이 처음부터 풀 수 없는 것이었다면 그때는…….
이것만큼 맥 빠지는 일이 또 있을까. 만약 '페르마의 마지막 정리를 증명할 방법이 존재하지 않는다', 결국 '페르마의 마지막 정리가 원래 수학에서는 증명할 수 없는 문제였다'고 한다면, 그때까지 자신이 허비한 시간과 정열이 모두 무의미한 것이 되어 버린다!

여기서 잠깐! 분명 수학에는 증명할 수 없는 문제가 있을지도 모른다. 하지만 힐베르트의 23개의 문제 중 하나가 증명할 수 없는 문제인 것이 판명된 것처럼 증명할 수 있는 문제인지 아닌지를 사전에 판정할 방법은 없을까?

만약 그런 판정 방법이 있다면 모든 문제를 '증명 가능한 문제'

와 '증명 불가능한 문제'로 나눌 수 있다. 그리고 페르마의 마지막 정리가 '증명 불가능한 문제'라고 한다면 처음부터 다가가지 않으면 된다.

하지만 수학자들은 더 심각한 현실을 들이민다. 컴퓨터 과학의 아버지라 불리는 앨런 튜링$^{Alan\ Turing}$이 '증명 불가능한 명제인가 아닌가를 판정하는 통일된 방법은 존재하지 않는다'는 것을 거듭 증명한 것이다. 즉, 인간은 어떤 문제를 보아도 그것이 증명 가능한 문제인가 아닌가를 사전에 아는 것조차 허락받지 못한 존재였던 것이다.

이러한 괴델의 불완전성정리와 일련의 '수학의 한계'에 관한 발표로 절망의 심연에 내동댕이쳐져 희망이 사라진 도전자들의 대다수는, 페르마의 마지막 정리 증명을 포기하고 떠나가 버렸다.

그런데 그쯤에서 포기할 수 있었던 자들은 그나마 다행이었다. 불행한 것은 그래도 포기하지 못한 사람들이다. 이미 페르마의 마지막 정리에 인생의 반을 허비한 사람들, 인류 역사상 최대의 문제를 푸는 유혹에서 헤어 나오지 못한 사람들, 인생역전을 페르마의 마지막 정리 증명에 건 사람들, 그들에게는 그만한 이유가 있다. 결코 포기할 수는 없다. 여기서 포기해 버리면 지금까지 허비한 5년, 10년이라는 시간은 무엇이었단 말인가! 이제 무엇에 의지하며 살아가야 한단 말인가! 그러니까 그들은 행진하는 것이다. 계속 전진만 있을 뿐이다.

'만약 처음부터 불가능한 문제에 도전했다고 한다면? 애초에 조각이 하나 없는 퍼즐을 받아 소중한 인생을 그런 거짓 퍼즐에 몽땅 바쳐온 것이라면?'

그런 상상이 머릿속에 요동칠 때마다 가슴이 죄어오는 것처럼 괴로워진다. 불안, 초조…… 구역질이 멈추지 않는다.

하지만 그래도 행진한다. 행진하는 수밖에 없다. 인생 전부를 허비한 끝에 '무엇 하나 성과도 축복도 얻지 못한 채 죽는' 최악의 심연을 향하여 쉬지 않고 걸어간다.

악마는 그런 그들의 불안하고 괴로운 얼굴을 바라보며 만족스러운 듯이 미소 짓는다. 분명 불완전성정리 탓으로 자기 곁을 떠나간 사람들도 많았지만 곤란하면 할수록, 또 위험하면 할수록 무엇에 홀린 듯이 인생을 내거는 사람들은 어느 시대에나 존재했다. 그런 사람들이 있는 한 악마는 절대 죽지 않는다. 애처로운 인간들의 영혼을 먹어치우면서 그렇게 벌써 300년 이상이나 살아왔던 것이다.

또한 이 악마는 실체도 없다. 그러니 얼마든지 그 육체를 늘려나갈 수 있었다. 소문을 빌려 귀에서 귀로, 인쇄물을 통해 거리에서 거리로……. 악마는 전 세계로 끊임없이 증식해나가는 것이다.

자, 이제 어느 거리의 낡은 도서관으로 가 보자. 그곳의 책장에도 역시 그 악마는 있었다. 한 소년이 지나가자 악마가 속삭이기 시작한다.

"자, 애야. 그걸 집어. 그건 세상에서 제일 어려운 문제거든. 어떤 천재라도 풀지 못했던 사상 최고의 퍼즐이야. 넌 이 문제를 풀 수 있니?"

악마의 목소리에 이끌려 소년은 마치 조종당하는 인형처럼 그 책을 집어 든다. 거기 쓰인 것은 저주의 식.

$$x^n + y^n = z^n$$

결코 어려운 식은 아니다. 소년은 그것을 금방 이해할 수 있었다. 그리고 오일러, 소피, 라메, 코시, 쿠머 등 페르마의 마지막 정리에 도전한 수학자들의 정열적인 인생 이야기를 차례로 읽는다. 소년은 마지막 정리에 연관된 수학자들의 일화나 삶의 모습에 감동한다.

그는 재빨리 노트에 연필을 끼적이며 식을 베껴본다. x로 나누거나 알고 있는 공식을 대입해 보거나……. 물론 마음처럼 잘 풀리지는 않는다. 하지만 그래도 재미있다. 거기에는 세상에서 제일 어려운 문제에 도전한다는 흥분이 있었으니까.

어린 소년은 그 식에 푹 빠졌다. 그리고 생각했다.

'이 페르마의 마지막 정리를 풀고 싶다! 지금은 비록 무리겠지만……, 어른이 되어 수학자가 되면 해낼 수 있을지도 몰라!'

새로운 사냥감을 보고 악마는 의미심장한 미소를 짓는다.

"그렇지, 좋아. 너는 정말 총명하고 현명하고 선택받은 인간이다. 이렇게 어려운 문제를 풀 사람은 너 말고는 아무도 없을 거야. 하지만 얘야. 이것은 인류 역사상 아무도 풀지 못했던 가장 어려운 문제란다. 당연히 그리 쉽게 풀리지는 않을 거야. 만약 그래도 풀고 싶다면 너의 남은 인생 전부를 이 문제에 바쳐야만 해. 그럴 각오가 되어 있니?"

그 물음에 소년은 악마의 눈동자를 똑바로 바라보면서 또박또박 말했다.

"네. 저는 인생 전부를 이 문제에 바칠 거예요!"

"좋아!"

소년의 말에 악마는 감탄의 소리를 내며 씩 웃었다.

또 한 사람, 재능 넘치는 인간의 지성을 바닥이 없는 늪으로 빨아들이는 데 성공한 것이다. 아아, 그 희귀한 보석 같은 지성을 충분히 발휘한다면 인류에 얼마나 공헌할 수 있을까. 그런데 재능 있는 인간이 능력을 쓸데없는 데 낭비하고 결국에는 절망 속에서 죽어갈 것이다. 그것이 바로 악마에게는 무엇과도 바꾸고 싶지 않은 기쁨이었다.

하지만 악마는 만족스러운 답을 얻었으면서도, 겁먹지 않고 자신을 빤히 쳐다보는 소년의 눈동자에 어쩐지 등줄기가 서늘해지는 것을 느꼈다. 허영심도 명예욕도 없는, 단지 어려운 문제를 풀어내고 싶다는 순수한 호기심으로 가득 찬 눈동자. 악마는 이 눈동자를 본 기억이 있다. 이런 눈동자를 가진 인간과 예전에 마주쳤던 것을 악마는 떠올렸던 것이다.

'오일러, 아니 소피였던가. 아니야, 아니면…….'

자신을 밀어붙였던 호적수의 수학자들. 악마는 똑같은 눈동자를 거기서 보았다. 그리고 이런 눈동자를 만나는 것은 전설의 악마가 되고 볼프스켈의 현상금을 건 이후, 정말 오래간만이었다. 그런데 왜일까. 모처럼 파멸시킬 가치가 충분한 사냥감을 그것도 한참 만에 발견했는데도 악마는 두근거림이 멈추지 않았다. 이런 느낌은 처음이었다.

'어쩌면 내가 뭔가 돌이킬 수 없는 짓을 해버린 것은 아닐까.'

300년 이상이나 산 악마는 태어나 처음 맛본 먹이의 알 수 없는 공포에 당혹하고 있었다.

"아아, 얘야. 이름을 가르쳐주지 않을래?"

"저는 앤드루……, 앤드루 와일즈예요."

이것이 페르마의 마지막 정리와 앤드루 와일즈^{Andrew Wiles}의 첫 만남이었다.

불운의 천재 아벨

앞에서는 3차방정식과 4차방정식의 해의 공식에 대해 살펴보았다. 그럼, 5차방정식의 해의 공식이란 어떤 것일까?

3차방정식과 4차방정식에 해의 공식이 있으니까 5차방정식에도 해의 공식이 있다고 생각하는 것이 당연하다. 수학자들 역시 그렇게 생각하고 무려 300년 동안이나 5차방정식의 해의 공식을 발견하려고 애썼다. 하지만, 그렇게 오랜 시간을 들여 연구를 거듭했음에도 수학자들은 아무것도 발견할 수 없었다.

사실 발견 못하는 것이 당연하다. 결론을 먼저 말하면 5차 이상의 방정식에는 일반적인 해의 공식이 존재하지 않는다.

수학자들이 300년간 추구해 온 해의 공식에 대해 '실은 처음부터 존재하지 않았습니다'라고 종지부를 찍은 것은 당시 22세의 아벨이라는 젊은이였다. 하지만 아벨의 연구 성과가 세상에 인정 받기까지는 수많은 난관이 있었다.

1802년, 닐스 아벨[Niels Henrik Abel]은 노르웨이의 작은 마을에서 태어났다. 지극히 평범한 소년이었던 아벨은 16살 때 신임 수학 교사 덕분에 수학에 재미를 느끼게 되면서 인생이 크게 변한다. 그 안에 잠자고 있던 '수학'이라는 천부적인 재능이 순식간에 깨어난 것이다.

아벨은 수학 교사가 추천한 당시의 수학책을 처음부터 끝까지 읽으며 솜이 물을 빨아들이듯이 수학 지식을 차례차례 흡수해 나갔다.

그런 아벨의 꿈은 당연히 수학자가 되는 것이었지만 유감스럽게도 집이 매우 가난해서 대학에 진학할 수 없었다. 그럼에도 굴하지 않고 아벨은 22세 때에 300년간 아무도 풀지 못했던 '5차 이상의 방정식에는 일반적인 해의 공식이 없다'는 문제를 매듭짓는 증명에 성공한다.

아벨은 재빨리 그 증명을 논문으로 써서 가우스에게 보냈다. 평소 같으면 가우스는 이 무명의 천재를 알아보고 그를 끌어올려줄 것이 틀림없었다. 하지만 가우스는 아벨의 논문을 대부분 보지 않고 버렸다.

여기에는 사정이 있었다. 아벨은 논문을 쓸 당시 가난 때문에 단 6페이지의 종이밖에 준비하지 못해 무리하게 증명을 채워 넣어야만 했다. 그 때문에 아벨의 논문은 읽어 내려가기 곤란한 논문이 되었던 것이다.

더구나 가우스는 당시 세계 최고의 수학자였기 때문에 다른 많은 아마추어 수학자들로부터 '미해결 문제를 풀었다!'는 편지를 수없이 받고 있었다. 물론 그 대부분이 전혀 증명되지도 않은 것들이었다. 그런 가우스 앞으로 300년간 아무도 해결하지 못한 미해결 문제의 증명, 그것도 22세의 애송이한테서 달랑 6페이지에 알아보기도 어렵게 써놓은 논문이 느닷없이 날아온 것이다. 그러니 엉터리 논문일 거라고 의심 없이 간과해 버린 것도 어쩌면 당연했을 것이다. 이런 이유로 아벨의 증명은 세상에 나올 기회를 잃고 만다.

하지만 아벨의 주변 사람들은 그가 틀림없는 천재라는 것을 잘 알고 있었다. 그렇다. 그는 이런 작은 마을에서 평생을 마칠 인간은 아니었다.

그런 와중에 아벨 앞으로 절호의 기회가 찾아온다. 그를 인정하는 주변 사람들의 도움으로 노르웨이 정부가 아벨의 국외 유학 지원을 결정한 것이다. 아벨은 운 좋게도 저명한 수학자들이 모이는 장소였던 파리 그리고 베를린으로 향했다.

거기서 아벨은 평생의 친구가 될 크렐레August Leopold Crelle를 만난다. 도시에 도착한 지 얼마 안 되어 어디가 어딘지도 잘 모르는 고학생 아벨에게 크렐레는 정말 친절했다. 아벨은 유학 중에 그와 함께 수학을 계속 공부했다.

이때 아벨은 다시 한 번 논문을 써서 파리학회에 제출한다. 그 논문을 받아들여 심사를 담당한 것은 페르마의 마지막 정리에 대해 라메와 설전을 벌였던 코시였다. 이번에는 종이도 충분히 준비해 제대로 쓴 아벨의 논문은 매우 훌륭했으며, 학회에서 인정 받아 일류 수학자들과 어깨를 나란히 할 것이 분명했다.

하지만 거기서 사건은 또 터졌다. 심사위원 코시는 아벨의 논문을 분실하고는 그 존재를 까맣게 잊고 있었던 것이다! 설마 논문이 분실되어 잊힐 거라고는 꿈에도 상상하지 못했던 아벨은 학회에서 대답이 오기를 학수고대하고 있었다. 물론 아무리 기다려도 대답이 올 턱이 없었다. 결국에는 유학 기한도 끝나고 돈도 다 떨어진 아벨은 자신의 논문이 탈락되었다고 믿고 고향인 노르웨이로 돌아간다.

귀국 후 그를 기다리고 있던 것은 변함없는 생활고와 대출금의 변제에 쫓기는 일상이었다. 원래 허약했던 아벨은 수학자로 인정받지 못했다는 실의까지 겹쳐 점점 몸이 쇠약해졌다. 그리고 결국 쓰러져 침대에서 일어나지 못할 지경이 되고 만다.

그래도 아벨은 마지막 힘을 짜내어 다시 한 번 논문을 써내려간 뒤 친구인 크렐레에게 보냈다. 병으로 쓰러진 친구한테서 논문을 위탁받은 크렐레는 성의를 다해 도왔다.

그의 노력으로 논문은 드디어 출판되기에 이른다. 그 결과 아벨의 논문은 당시 손꼽히는 수학자였던 야코비^{Carl Gustav Jakob Jacobi}의 눈에 든다.

야코비는 논문을 읽고 깜짝 놀랐다. 그리고 그것이 이미 몇 년 전에 학회에 제출되었던 것을 안 야코비는 격노해 당시 학회를 쥐고 흔들던 라그랑주에게 한 방 먹였다.

"이미 2년 전에 이 정도의 대발견이 보고되었는데도 그것을 무시하다니 학회의 명예는 도대체 어디로 사라졌단 말인가!"

이렇게 해서 간신히 젊은 천재의 이름이 수학계에 알려진다. 크렐레는 여기서 멈추지 않고 베를린 대학에 아벨을 강력히 추천해 그를 교수로 채용하도록 손을 썼다.

드디어 크렐레의 노고가 결실을 거두어 베를린 대학이 그때까지 무명이었던 아벨의 채용을 결정했다! 크렐레는 이 기쁜 소식을 아벨에게 알리려고 서둘러 펜을 들었다.

'영원한 내 친구여! 자네에게 좋은 소식을 전하네. 베를린 대학이 자네를 초대해 고용하기로 결정했다네. 이것으로 이제 자네는 고생 끝, 행복 시작이야. 앞으로의 일은 아무것도 걱정 말게나. 그래, 자네는 수학자가 된 거라네! 이것은 이미 정해져 있었던 거지. 나는 정말 기쁘다네. 아아, 어떤가. 이 편지가 병에서 회복되고 있는 자네의 손에 건네지기를! 신이시여, 부디 이루어주소서! 이제, 자네의 진짜 친구들이 있는 이곳으로 오는 거야!'

하지만 크렐레가 그 편지를 쓰기 이틀 전, 아벨은 이미 폐결핵으로 세상을 떠나고 없었다.

마지막으로 아벨이 남긴 논문은 나중에 '청동보다 영속하는 기념비'라고 불렸다. 또한 '후세의 수학자들이 500년 동안 해야 할 일을 남겼다'고까지 평가될 정도로 수학사에 있어서 중요한 발견을 포함한 대논문이 되었다. 왜냐하면 아벨의 논문은 단순히 '5차 이상의 방정식에 해의 공식이 없다'는 것을 증명한 것에만 그치지 않고 '방정식이란 무엇인가? 방정식의 해를 도출한다는 것은 도대체 무엇을 말하는가?' 하는 수학의 근본적인 문제를 밝혀낸 것이었기 때문이다.

가우스는 이 사건을 알고 뒤늦게 자신의 실수를 깊이 후회했다. 그리고 아벨의 죽음은 수학계에 커다란 손실이라며 크게 한탄했다고 한다.

가우스조차 능가하는 재능을 가졌다고 평가되었던 젊은이는 어떤 보상도 받지 못한 채 27세의 짧은 생애를 마쳤다. 하지만 5차방정식의 해의 공식을 둘러싼 비극은 여기서 끝나지 않았다…….

제 4 장

도서관에서 시작된 이야기

타니야마 - 시무라 추론

도서관의 수많은 책 중에서 똑같은 수학책 하나를 빌리는 우연.
장래 일본의 수학계를 짊어지고, 나아가 세계에 그 이름을 떨칠
두 수학자는 이렇게 인연을 맺게 되었다.

도서관. 2000여 년에 걸친 인류의 영지가 집약된 장소이자 운명이 교차하는 묘한 자기장을 가진 공간을 말한다. 이곳에서 수많은 사람들이 배우고 고뇌하였으며 인생을 변혁시킨 무언가를 만났다.

도쿄 대학의 수학과 학생이었던 시무라^{Goro Shimura}는 도서관에서 헤매고 있었다. 그는 자신의 연구에 필요한 수학책을 빌리러 왔는데 공교롭게도 그 책은 이미 대출 중이었다. 빌려간 사람의 이름은 타니야마^{Yutaka Taniyama}라고 했다. 타니야마가 같은 수학과 학생인 것을 안 시무라는 그에게 편지를 띄웠다.

'이러이러한 수학 문제를 푸는 데 아무래도 그 책이 필요하니 언제 반납할지 알려주면 좋겠습니다.'

그러자 타니야마한테서 답장이 왔다. 그도 똑같은 문제에 손을 대고 있다는 것이었다. 이것을 계기로 시무라와 타니야마는 함께 그 문제를 풀기로 한다.

도서관의 수많은 책 중에서 똑같은 수학책 하나를 빌리는 우연. 장래 일본의 수학계를 짊어지고, 나아가 세계에 그 이름을 떨칠 두 수학자는 이렇게 인연을 맺게 되었다.

이 두 사람은 성격이 마치 물과 기름, 음과 양이라고 불릴 만큼 완전히 정반대의 타입이었다.

가령 시무라는 새벽같이 일어나 연구를 시작하는 성실하고 고지식한 수재 타입이라면, 타니야마는 밤샘을 밥 먹듯이 하고는 아침에야 잠이 드는, 어디로 튈지 모르는 천재 타입이었다. 특히 타니야마는 하루에도 몇 번이나 신발끈이 풀어져 버리니까 '그럼 처음부터 아예 묶지 않는 게 낫다'면서 하루 종일 신발끈을 묶지 않고 지내는 괴상한 성격을 지닌 사람이었다.

우등생 수재와 괴상한 천재. 이렇게 정반대인 두 사람이었지만 어쩌면 그 때문에 호흡이 더 잘 맞았는지도 모른다. 밤낮의 생활이 바뀌는 엉뚱한 타입의 타니야마에게 반듯한 시무라는 정말 의지가 되었을 것이고, 항상 진지한 시무라에게 기발하고 특이한 타니야마는 그야말로 신선한 자극제였을 것이다.

그런 두 사람이 대학생 신분으로 수학을 배우고 있을 무렵, 마침 일본은 전쟁이 끝난 시점이었고 교수들과 같은 어른들은 아직 패전의 충격에서 헤어나지 못하고 있었다. 시무라는 그 당시의 교수들을 일컬어 '피곤에 절어 희망을 잃어버린 사람들'이라고 평가했다. 그런 교수들 밑에서는 학생의 탐욕적일 만큼 왕성한 향학열은 충족되지 못했다. 실제로 시무라는 후일 자서전에서 '대학에 들어가 좋아하는 수학을 마음껏 배울 수 있다고 생각했는데 그 기대가 무너졌다'고 쓰고 있다.

그래서 두 사람은 스스로 도내의 수학과 학생들을 모아 'SSS'라고 불리는 단체를 결성한다. 그리고 정기적인 세미나를 열어 서로 연구 성과를 발표하기도 했다. 물론 학생 세미나의 연구 성과였으니 세계적인 수준으로 보자면 당연히 뒤처진 것들이었고 채택하기에는 부족한 것들도 많았다. 그래도 젊은 열정과 희망으로 차고 넘쳐 '우리의 힘으로 새로운 수학의 세계를 열어나가자'는 그들의 연구 활동은 때로 대담한 발상으로 세계의 수학자들을 깜짝 놀라게 했다. 그리고 이 세미나에서 배출된 멤버가 일본의 대표적인 수학자로 일본 수학계에 커다란 공헌을 하게 된다.

타니야마는 평소에는 멍하니 있거나 조용한 편인데 이 SSS 안에서는 강력한 리더십을 발휘해 모두를 이끌어나갔다. '타고난 괴짜 타니야마'와 '조용하고 묵묵히 식을 풀어나가는 시무라'가 인솔하는 SSS는 일본의 수학계를 크게 일으켰던 것이다.

그런 와중에 특히 시무라와 타니야마의 흥미를 끌었던 것이 '타원방정식'과 '모듈러 형식'이다.

1. 타원방정식

원래는 '타원곡선'이라는 용어가 맞지만 직감적으로 의미가 잘 통하도록 이후부터 '타원방정식'이라는 용어로 설명하겠다. 타원방정식이란 다음과 같은 식으로 나타내어지는 것을 말한다.

$$y^2 = x^3 + ax^2 + bx + c$$

이 식의 a, b, c에 적당한 수를 대입해 x축, y축의 평면상에 그래프로 그리면 다음과 같은 곡선이 그려진다.

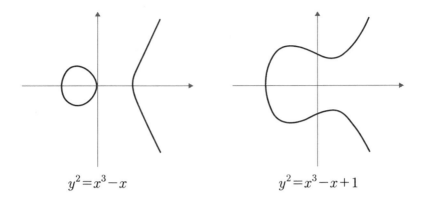

$$y^2 = x^3 - x \qquad\qquad y^2 = x^3 - x + 1$$

보는 대로 타원방정식(타원곡선)이라고는 하나 완벽한 타원이 그려지는 것은 아니다. 옛날부터 혹성의 궤도나 타원의 호의 길이를 계산할 때 사용되어 왔기 때문에 '타원'이라는 이름이 붙었다. 하지만, 타원의 일부나 타원과 비슷한 것이 그려지는 것이므로 어쨌든 타원 같은 그래프가 그려지는 방정식이라고 생각해 두자.

이 타원방정식은 혹성의 궤도를 계산할 때 이용된 것에서도 알 수 있듯이 세계 속에 종종 나타나는 소위 '자연스럽고 아름다운 곡선'을 나타내는 방정식이다. 따라서 '곡선'의 본질을 이해하는 데 가장 적합한 식이라고 할 수 있기 때문에 예부터 수학자들의 흥미 깊은 연구 대상이 되어왔다.

2. 모듈러 형식

모듈러 형식이란, 보형 형식$^{modular\ form}$을 확장한 것으로 복소평면$^{complex\ number\ plane}$(평면상에 복소수를 나타낸 것)상에서 매우 많은 대칭성을 가진 함수를 말한다. 여기서 조금 더 알기 쉽게 설명해 보자.

우선 모듈러 형식은 매우 많은 대칭성을 갖는 함수인데 이 '대칭성'이란 무엇일까? 예를 들어, 다음 그림 같은 정현파$^{sine\ curve}$(사인곡선. 요컨대 무한히 계속되는 파동)의 도형(그래프)이 있다고 가정해 보자.

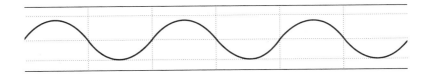

이 도형을 파동 하나만큼(주기만큼) 옆으로 옮긴 것을 상상해 보자. 똑같은 파동이 옆으로 무한히 계속되고 있으니까 파동 하나만큼 옮겨가더라도 당연히 전과 똑같은 도형이 될 것이다.

또 하나의 예로 다음 그림과 같은 사각형을 생각하자. 이번에는 이 사각형을 거꾸로 하거나 원점을 중심으로 90도 회전한 경우를 상상해 보자.

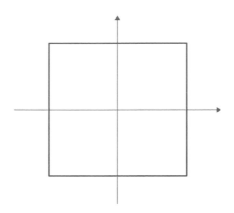

이것 역시 원래의 도형과 전혀 다름없는 모양이 된다. 이런 식으로 도형이나 식에 일정한 조작을 가해도 아무 변화도 일어나지 않을 때 수학에서는 '대칭성을 갖는다'는 말로 표현한다. 이를테면, 어떤 도형(식)을 회전해도 모양이 변하지 않으면 그 도형은 '회전대칭성spherical symmetry을 갖는다'고 하며 옆으로 옮겨가도 모양이 변하지 않으면 '병진대칭성translational symmetry을 갖는다'고 말할 수 있다.

그럼 여기서 본론으로 들어가자. 모듈러 형식이란 이러한 대칭성을 매우 많이 가진 이상한 식을 말한다. 단, 유감스럽게도 이 모듈러 형식의 대칭성은 앞의 예처럼 그림으로 나타내 설명할 수는 없다.

만약 모듈러 형식이 'x축, y축' 같은 2차원의 평면에 그릴 수 있는 식이라면 실제로 도형을 그려 '자, 이렇게 해도 모양이 변하지 않지?'라고 그 대칭성을 설명할 수 있다. 그런데 실제 모듈러 형식은 복소수(허수)를 고려하고 있기 때문에 'x의 실수축, x의 허수축, y의 실수축, y의 허수축'이라는 4차원의 도형으로 생각해야 한다.

그러나 곤란하게도 3차원 공간에 살고 있는 우리의 머리로는 4차원 도형을 떠올리는 것이 절대 불가능하다. 결국 모듈러 형식은 인간의 머리로는 떠올리지 못하는 4차원 세계 도형의 '대칭성'을 전제로 하기 때문에 좀처럼 직감적으로 이해될 만한 성질의 것은 아니다. 하지만 수학적으로는 매우 아름다운 대칭성을 갖고 있어 수학자들에게 흥미 깊은 연구 대상이 되어왔다. 어쨌든 이리저리 굴리거나 비켜가 보아도 모양이 변하지 않는 4차원의 도형을 나타내는 이상한 방정식이라고 생각하면 되겠다.

그런데 앞서 소개한 타원방정식과 모듈러 형식은 서로 전혀 관련이 없다. 각각 다른 분야의 수학으로 따로따로 연구되어 온 것이다. 타원방정식은 2000여 년 전인 고대 그리스 시대부터 있었던 것이고, 모듈러 형식은 1900년경 보여이상의 첫 번째 수상자인 푸앵카레$^{\text{Jules Henri Poincaré}}$가 발견한 것으로 시대적으로는 훨씬 최근의 것이다.

그렇게 완전히 다른 개념인 이 두 식은 각각으로부터 '제타함수'라고 불리는 식을 만들어낼 수 있다. 이 제타함수가 무엇인가에 대해서는 나중에 살펴보기로 하고, 일단 원래의 식에 어떤 수학적 조작을 가하면 그러한 이름의 식을 만들어낼 수 있다고 생각해 두자.

여기서 타니야마의 천재적인 직감이 발휘된다.

'어느 타원방정식의 제타함수는, 어느 모듈러 형식(보형 형식)의 제타함수와 일치하고 있는 것처럼 생각된다. 아니, 어쩌면 모든 타원방정식은 제타함수를 통해 모듈러 형식에 대응하게 할 수 있는 게 아닐까?'

타니야마의 이 직감에 대해 조금 더 알기 쉽게 설명해 보자. 우선, 타원방정식은 무한히 존재하는 식인데 가령 그들 식에 '1, 2, 3, …'이라고 숫자를 매길 수 있다고 해 보자. 그리고 그것을 나열해 각각으로부터 제타함수를 만들어본다. 만들어진 제타함수에는 뭔가 적당한 이름을 붙이자.

$$타원방정식\ 1 \rightarrow Z의\ A$$
$$타원방정식\ 2 \rightarrow Z의\ B$$
$$타원방정식\ 3 \rightarrow Z의\ C$$
$$\vdots$$
$$타원방정식\ \infty \rightarrow Z의\ \infty$$

그럼 모듈러 형식도 무한히 존재하는 식이니 이것 역시 숫자를 매겨 나열하자. 그리고 마찬가지로 제타함수를 만들어본다.

$$\text{모듈러 형식 } 1 \rightarrow \text{Z의 A}$$
$$\text{모듈러 형식 } 2 \rightarrow \text{Z의 B}$$
$$\text{모듈러 형식 } 3 \rightarrow \text{Z의 C}$$
$$\vdots$$
$$\text{모듈러 형식 } \infty \rightarrow \text{Z의 } \infty$$

이렇게 나열해 보니 각각이 만들어낸 제타함수가 일치하는 것처럼 보인다. 이 말은 결국 이런 느낌이라는 것이다.

$$\text{타원방정식 } 1 \rightarrow \text{Z A} \leftarrow \text{모듈러 형식 } 1$$
$$\text{타원방정식 } 2 \rightarrow \text{Z B} \leftarrow \text{모듈러 형식 } 2$$
$$\text{타원방정식 } 3 \rightarrow \text{Z C} \leftarrow \text{모듈러 형식 } 3$$
$$\vdots$$
$$\text{타원방정식 } \infty \rightarrow \text{Z } \infty \leftarrow \text{모듈러 형식 } \infty$$

'완전히 다른 타원방정식과 모듈러 형식, 두 식은 사실 제타함수를 통해 연결되어 있는 것이 아닐까?'

물론 타원방정식과 모듈러 형식은 무한히 존재하므로 위의 예처럼 나열하거나 하나하나를 서로 맞붙여 일치하는지 아닌지를 조사하는 것도 불가능하다. 하지만 타니야마는 타원방정식과 모듈러 형식에 대해 살펴보던 도중 이런 관계성이 있는 것은 아닐까 하고 생각하기에 이른 것이다.

'어쩌면 모든 타원방정식은 어떤 면에서 모듈러 형식과 짝을 이룰 수 있는 것이 아닐까?'

만약 무한히 존재하는 방정식이 다른 무한히 존재하는 방정식과 일대일의 관계로 대응된다면 두 가지 방정식은 이미 모양은 달라도 본질적으로는 같은 존재라고 해도 좋을 것이다. 서로의 배후에는 공통의 구조(제타함수)가 숨어 있고 종종 보는 관점만 바꾸면 타원방정식이라고 불리기도 하고 모듈러 형식이라고 불리기도 한다는 차이밖에 없다. 따라서 타원방정식이 있다면 동시에 모듈러 형식도 거기 있고 모듈러 형식이 있을 때는 동시에 타원방정식도 거기에 있다는 말이 된다.

단, 이것은 어디까지나 타니야마의 '어쩌면 그렇지 않을까?' 하는 수준의 이야기이지 결코 엄밀한 증명에 의해 도출된 것은 아니다.

하지만 이렇게 전혀 다른 분야에 속한 다른 개념의 방정식이 사실은 깊은 부분에서 연관되어 있었다고 한다면 그것은 매우 흥미 깊은 일이다.

이 두 방정식의 이상한 관계성에 대해 이렇게 생각하는 근거는 어디에도 없었지만 타니야마는 왠지 '그렇다'는 결론을 먼저 얻었다. 그리고 1955년 닛코에서 수학국제심포지엄이 개최되었을 때 대담하게도 세계의 수학자들 앞에서 그 직감을 피력했다.

물론 앞서 말한 것처럼 이 두 수학 분야는 전혀 관련성이 없었고 관련되어 있다는 근거나 증명도 없었다. 그래서 심포지엄의 참가자들 대다수는 타니야마의 가설을 불확실하고 의심스러운 것으로 판단했다. 분명 타니야마의 말처럼 예제로 적당히 타원방정식을 선택해 제타함수를 만들면 어느 모듈러 형식의 제타함수가 된다는 것은 알았지만 참가자들은 모두 '그저 우연의 일치에 지나지 않는다'고 생각했다.

당시 심포지엄에 참여하고 있던 최고의 수학자인 앙드레 베유$^{\text{Andr Weil}}$도 타니야마의 이 기발한 아이디어에 대해 부정적인 태도를 보였다. 그런 가운데 시무라만은 타니야마의 아군이 되어주었다. 확실한 근거도 없이 '이렇지 않을까'라는 타니야마의 직감을 긍정적으로 받아들이고 그 직감에 근거를 부여하는 연구를 시작했던 것이다.

하지만 그로부터 2년 후인 1957년, 시무라는 미국의 프린스턴 고등연구소에 객원교수로 초빙되어 타니야마의 곁을 떠나게 되었다. 물론 시무라는 2년간의 임무를 마친 후 다시 친구인 타니야마와 함께 그 연구를 계속할 생각이었다.

그런데 그 공백 기간에 타니야마가 자살했다는 소식이 들려왔다.

타니야마의 유서에는 막연한 장래에 대한 불안함이 엿보이고 있었는데 그의 자살의 계기는 지금도 미스터리로 남아 있다. 천재 타니야마에게 무슨 일이 있었던 걸까. 단 하나 분명한 것은, 그의 죽음이 많은 젊은 수학자들을 비탄에 빠뜨렸다는 것이다. 타니야마는 괴짜이기는 했지만 뛰어난 직관과 빼어난 실력으로 후배 젊은 수학자들의 마음을 사로잡았으며 그들의 정신적인 멘토 같은 존재였던 것이다.

시무라는 후회했다. 타니야마가 자살하기 두 달 전에 시무라는 그로부터 편지 한 통을 받았다. 그 편지에는 자살을 예감케 하는 내용은 전혀 쓰여 있지 않았다. 그럼에도 불구하고 절친한 친구이자 좋은 파트너의 죽음 앞에서 시무라는 자신을 용서할 수 없었다. 왜 친구가 고통스러워하고 있을 때 손을 내밀어주지 못했는가, 왜 미리 깨닫지 못했을까……. 시무라는 그저 후회스럽기만 했다.

그런 시무라가 타니야마를 위해 할 수 있는 것은 이제 하나밖에 없었다. 그때부터 시무라는 갖고 있는 수학적 재능 전부를 바쳐 타니야마의 가설을 증명하는 데 몰두한다. 그리고 타원방정식과 모듈러 형식의 관계에 대해 철저하게 조사하여 타니야마의 가설이 올바르다는 근거를 차례차례 찾아나갔다.

시무라는 타니야마의 가설을 증명하지는 못했지만, 그가 쌓아올린 증거들 덕분에 결국에는 수학계도 그것을 무시할 수 없게 되었다. 그리고 어느새 타니야마의 가설은 다음과 같이 불리게 된다.

타니야마-시무라 추론

여기서 '추론'이라는 말에 주목했으면 한다. 타니야마-시무라 '정리'가 아니라 '추론'이 되어 있는 것은 왜일까?

그 이유는 증명되지 않았기 때문이다. 수학에서 '아직 증명할 수 없지만 분명 이렇게 되지 않을까?'라고 생각되는 것은 관습적으로 'ㅇㅇ추론'이라고 불려왔다.

수학의 세계에는 리만 가설, 호지 추측 등 많은 추론들이 존재한다. 그리고 나중에 증명이 발견된 단계에서 'ㅇㅇ정리'로 승격된다.

그런 의미에서는 페르마의 마지막 정리도 원래는 마지막 '가설'이라고 부르는 것이 정확하겠지만, 페르마가 이미 증명을 발견했다는 전설에 근거해 마지막 '정리'라고 이름 붙여지고 있다.

그런데 이 타니야마-시무라 추론에는 다양한 호칭이 있다. '시무라-타니야마 추론'이라고 부르는가 하면 베유가 이 추론을 국외에서 소개해 '베유 추론'이나 '타니야마-베유 추론'이라고 불리는 경우도 있었다. 그 밖에도 세 사람 이름을 조합한 것으로 생각되는 모든 패턴의 호칭이 존재한다.

사실 타니야마가 국제 심포지엄에서 발표한 내용은 아직 조잡하고 애매한 아이디어 수준의 것이며 타원방정식과의 일치도 모듈러 형식이 아니라 보형 형식이라고 불리는, 범위가 더 넓은 것과의 대응을 생각하고 있었다. 현재 우리가 타니야마-시무라 추론으로 알 수 있는 '모든 타원방정식은 제타함수를 통해 모듈러 형식과 일치할 수 있다'는 내용은 모두 나중에 시무라가 갈고 다듬어서 정식화한 것들이다. 타원방정식과의 대응을 보형 형식이 아니라 보다 엄밀히 모듈러 형식에 한정한 것도 시무라의 성과이다. 그러니 원래 이 추론은 '시무라 추론'이라고 부르는 것이 제일 적합할지도 모른다.

나중에 시무라는 이 추론에 대해 '타니야마와 의논한 것은 없고 혼자 힘으로 도달했다'는 뉘앙스의 발언을 남긴다. 수학사에서 타니야마-시무라 추론은 '천재의 의문스런 자살 후에 절친한 친구가 연구를 이어받아 완성했다'는 미담으로 이야기되는 경우가 많은데 의외로 현실은 그렇게 드라마틱한 것만은 아니었는지도 모른다.

단, 시무라는 타니야마한테서 받은 두 통의 편지 – 도서관에서 처음으로 타니야마에게 편지를 보냈을 때 답장으로 받은 첫번째 편지와 타니야마가 자살하기 전에 받은 마지막 편지 –를 지금도 소중하게 간직하고 있다고 한다. 침착하고 냉정해서 표정을 좀처럼 바꾸지 않던 시무라가 식사 중에 타니야마가 화제로 떠올랐을 때 왠지 갑자기 눈물이 멈추지 않아 주위 사람들을 놀라게 했다는 이야기가 있었던 것만은 여기 기록해두고 싶다.

수수께끼 같은 수학자 부르바키

내가 푼 문제마다 이후 다른 문제를 푸는 데 도움이 되는 규칙이 되었다.
-르네 데카르트

타니야마-시무라 추론은 '모든 타원방정식은 모듈러 형식이다'라는 수학의 명제인데 '추론'이라는 말이 붙은 것처럼 아직 증명되지 않은 가설이다. 당초 많은 수학자들은 이 추론에 대해 반신반의하며 누구도 상대해 주지 않았다. 왜냐하면 타원방정식과 모듈러 형식은 전혀 관련성이 없는 별개의 분야였기 때문이다.

하지만 오랜 세월 무시되어 왔던 이 추론은 어느 때부터인가 수학계의 가장 중요한 과제로 주목을 끌게 된다. 그 이유는 두 가지였다. 하나는 20세기 최고의 수학자라 불리는 앙드레 베유가 시무라가 쌓아올린 연구 성과를 포함해 이 추론을 국외에 소개했기 때문이다.

베유는 유명한 여성 철학자 시몬느 베유의 오빠로 16세에 대학 이상에 해당하는 프랑스 최고의 교육기관 에꼴노르말(사범학교)에 입학했다. 그리고 19세 때 교수자격시험에 최고의 성적으로 합격할 만큼 대단한 천재였다. 그 보기 드문 재능은 철학자 시몬느가 '오빠가 너무나 천재였으므로 나는 내 평범함을 알고서 자살을 심각하게 생각한 적이 있다'고 말할 정도였다. 그런 천재 베유가 타니야마-시무라 추론에 대해 적극적으로 논문을 썼기 때문에 다른 수학자들도 덩달아 주목하게 되었던 것이다.

그런데 그 당시 베유가 살았던 프랑스에서는 부르바키Nicholas Bourbaki라고 불리는 수수께끼 같은 인물이 수학계를 떠들썩하게 했다. 그때까지 수학을 집대성하는 멋진 책이 부르바키라는 저자의 이름으로 몇 권이나 간행되었지만 그가 어떤 사람인지는 일절 알려진 것이 없었다.

"부르바키는 도대체 어떤 사람이지?"
"이 정도의 수학서를 쓸 정도니까 분명 평범하지는 않을 거야."
"실은 아무도 정체를 알지 못하는 도인일걸."

프랑스 수학계는 부르바키의 정체에 대한 화제로 술렁거렸다. 그런데 사실 부르바키는 실존하는 인물이 아니라 프랑스의 전위적인 수학자들이 모여 만든 비밀집단으로, 부르바키는 그 필명이었다.

부르바키 창설의 계기는 누군가가 술김에 '까짓것 우리도 피타고라스 교단 같은 비밀결사를 만들어보지 뭐' 하고 던진 농담 때문이었던 것 같다. 그리고 베유는 이 익명의 수학자 집단 부르바키의 창설 멤버이자 소위 총지휘관 같은 존재였다.

요컨대 부르바키의 집필 작업은 타인을 가차 없이 비판하면서 추진했기 때문에 심신이 모두 젊지 않으면 잘 해나가기 어려운 과격한 단체였던 것 같다. 부르바키 멤버는 일정 연령을 넘기면 은퇴가 의무화되어 있었는데 그것은 이런 이유에서였다.

베유는 세계를 향해 타니야마-시무라 추론을 선전하는 데 노력했다. 하지만 그는 시무라나 타니야마의 이름을 별로 크게 다루지 않았기 때문에 어느 틈엔가 이 추론은 '베유 추론' 혹은 '타니야마-베유 추론'이라고 불리게 되었다.

그것은 필시 베유 자신의 위광이 컸던 것이 이유 중 하나였겠지만, 어쩌면 부르바키 같은 익명 활동을 하고 있었기 때문에 그 방면에 대해 무관심했는지도 모른다. 나중에 베유는 시무라와 타니야마의 성과를 빼앗은 것은 아닌가 하는 추궁에 이런 답장을 하고 있다.

피타고라스의 정리는 무엇 하나 피타고라스가 생각했다는 것은 아닙니다. 또 릴레이-코틀의 수열은 지금은 알기 쉽게 스펙트라^{spectra}수열이라고 불리고 있습니다.

이것은 결국 어떤 추론이나 정리에 누구의 이름이 일컬어지든 상관없고 애당초 인간의 고유명사보다 더 알기 쉬운 이름을 붙여야 마땅하다고 생각한다는 대답이다.

그것은 그것대로 맞는 생각처럼 보인다. 적어도 베유 자신이 '내가 생각했다'고 주장하는 것은 아니니까, 주변에서 제멋대로 베유 추론이라고 부르는 것에 대해 반드시 베유에게 책임이 있다고만은 할 수 없을 것이다. 물론 적극적으로 부정하지 않았다는 죄는 있을지 모르지만 앞서 쓴 편지대로 베유는 이런 쪽에 무관심했던 것 같다.

하지만 베유의 주변에서 문제를 일으켰다. 이유는 모르겠지만 부르바키의 멤버 중 하나인 세일은, 이 추론으로부터 시무라와 타니야마의 이름을 추방하려고 거짓 대화를 퍼뜨리고 다녔다.

　베유 : "타니야마는 왜 모든 타원방정식이 모듈 형식이라고 생각했을까?"

　시무라 : "잊었습니까? 당신 자신이 그에게 그렇게 말했잖아요."

결국 처음에 그 추론을 생각해낸 것은 베유이고 타니야마는 그것을 들은 것뿐이라고 시무라가 말했다는 이야기이다.

이 악의로 가득 찬 꾸며낸 이야기에 대해서는 생각지도 못했던 부분에서 반론자가 나타났다. 같은 부르바키 멤버인 서지 랭 Serge Lang이 시무라에게 이런 이야기가 정말 있었는가 하고 확인하는 편지를 보냈던 것이다. 당연히 시무라는 깜짝 놀라 그런 사실은 없다고 답장을 했고 증거가 될 만한 몇 가지 자료를 제시했다. 랭은 그 내용을 들고 베유와 세일을 찾아갔다.

"베유 당신은 이 추론을 처음 들었을 때부터 그런 것이 있을리 없다고 쭉 의심하고 있었잖아요! 그런데 시무라가 고생해서 많은 증거들을 발견한 지금에 와서 마치 자신이 생각해내기라도 한 듯이 선전하는 것은 이상하지 않나요?"

그러나 그런 랭의 추궁에 대해 베유는 묵비권을 행사했고 세일쪽에서는 반대로 랭의 행동을 신랄하게 비판하는 태도를 취했다. 이에 화가 치민 랭은 과격하게도 이러한 베유의 언동들을 요약한 '타니야마-시무라 파일'이라는 이름의 자료를 만들어 전 세계의 수학자들에게 뿌려 고발하는 수단으로 대응했다. 이 때문에 수학계에는 큰 소동이 일었다.

무엇보다 실제로 랭은 논쟁을 좋아하는 트러블메이커였으니까 선의의 제3자라고는 말할 수 없고 이들 이야기도 어디까지 믿어야 좋을지 알 수 없다. 또한 베유에게 악의가 있었는가 아닌가도 알 수 없고 어쩌면 아주 미세한 삐거덕거림에서 발전된 불행한 사건이었는지도 모른다.

어쨌든 이렇게 학문의 세계에서는 '이론에 누구의 이름이 붙어야 마땅한가'에 대해 종종 논쟁이 붙는 경우가 있다. 그러나 적어도 베유의 영향력 덕분에 이 타니야마-시무라 추론이 세계에 널리 퍼진 점에 대해서는 부정할 수 없을 것이다.

랭글랜즈 프로그램

'팽창할 대로 팽창한 수학계를 하나로 통일하자!'
랭글랜즈의 야심에 찬 외침에 수학계는 열광했다.

왜 그때까지 수학자들 사이에서 무시당해 왔던 타니야마-시무라 추론이 갑자기 주목을 받게 되었을까? 또 하나의 이유는 '랭글랜즈 철학'이라고 불리는 수학의 철학이 제안된 장대한 로망에 있었다. 그것은 1960년경의 일이다.

이 무렵 수학은 지나치게 고도로 발전되어 각 분야가 놀랍게 전문화되는 경향이 있었다. 그 때문에 수학이라는 하나의 거대한 학문에 대해 모든 것을 이해하고 있는 사람은 아무도 없는 상황이었다. 다시 말해 어느 수학자도 한 분야의 전문가로서 자신의 전공은 잘 알지만 그 밖의 분야는 모르는 상황이 되었던 것이다.

언젠가 프로 미분기하학 전문가가 '페르마의 마지막 정리 증명에 성공했다!'고 세간을 떠들썩하게 한 일이 있었다.

그렇지만 유감스럽게도 그 증명에는 모순이 있음이 판명나고 무효가 된다. 그런데 그 수학자가 실패한 원인은 실제로 자기 전공 외의 수학을 적용하는 부분에 있었다. 그는 자신의 전공 분야인 미분기하학의 세계에 수론이라는 다른 분야의 수학을 적용하여 증명을 성립시켰다. 하지만 익숙하지 않은 분야를 갖고 들어왔기 때문에 그 부분에서 엄밀함을 간과했던 것이다.

이렇게 눈만 뜨면 수학에 둘러싸여 있는 프로 수학자들조차 전공 외 다른 분야의 수학을 다 활용하기란 매우 어려웠다. 물론 어쩔 수 없을 것이다. 각 분야마다 몇백 년이라는 긴 역사가 있고 그 역사 속에서 다루어져 왔던 각각의 문화나 정리가 있다. 그 모든 것을 이해하기란 도저히 불가능하다. 따라서 수학자들이 어쩔 수 없이 각각 평범한 분야의 전문가가 되어가는 것을 금방 이해할 수 있을 것이다.

그런데 이는 수학의 각 분야가 따로따로 발전해나가는 상황을 만들어냈다. 그리고 서로 이해하기 어려운 각 분야가 점점 더 이해하기 어려워져 고립이 깊어지는 악순환을 반복했다. 결국 수학에 있어서 각 분야의 단절은 시간이 갈수록 커져갔다.

수학자 랭글랜즈^{Robert P. Langlands}는 이렇게 분리된 수학의 각 분야를 어떻게든 다시 이을 수 없을까 생각했다.

각 분야가 고립된 가장 큰 원인은 서로 아무 관련성이 없어서이다. A라는 분야의 연구 성과는 B 분야와는 전혀 관계가 없다. B 분야의 연구 성과도 A 분야에 아무런 도움도 되지 못한다는 이야기다. 그런 상황이니 당연히 두 분야의 전문가는 서로 상대 분야를 알려고도 하지 않고 어차피 알 필요도 없다.

하지만 랭글랜즈는 이렇게 생각해 보았다.

'만약 관계가 없다고 생각되었던 두 분야가 어딘가에서 연결되어 있었다고 한다면 어떨까?'

즉, 전혀 다른 것을 대상으로 연구할 생각이었던 각 분야가 실은 연결되어 있고 서로 무관하지 않다면 분명 이야기는 달라진다. 당연히 그 경우에는 A 분야를 배우는 것은 그대로 B 분야를 배우는 것이 되고, B 분야의 연구 성과를 A 분야에 응용하는 것도 가능해질 것이다. 아니 오히려 A 분야와 B 분야를 한층 더 통합해 하나의 분야로 정리하는 것이 가능해질지도 모른다.

하지만 완전히 무관해 보이는 다른 분야의 학문끼리 사실은 연결되어 있었다는, 형편 좋은 일이 그리 흔히 존재할까?

적어도 물리학의 세계에서는 이런 일이 자주 있다. 하나의 예를 들어 보자. 옛날 과학자들은 전기와 자기를 각각 전혀 다른 별개의 현상으로 연구했다. 그런데 그것들이 서로 밀접하게 연관되어 있다는 것이 발견된다. 즉, '전기가 있으면 자기가 생기고 자기가 있으면 전기가 발생한다'는 상호관계가 존재함을 알았던 것이다. 그 관계를 조금 더 정확히 표현하면 다음과 같다.

전기장(전기가 있는 공간)**이 생기면 자기장**(자기가 있는 공간)**이 생겨나고 그 반대로 자기장이 생기면 전기장이 생겨난다.**

여기서 잠깐, 처음에 전기장이 하나 생겨나면 어떻게 될지 상상해 보자.

위의 관계를 그대로 적용하면 처음의 전기장이 생겨난 다음에는 '처음의 전기장 – 자기장 – 전기장 – 자기장 – 전기장 – …'으로 자기장과 전기장이 서로 만들어져 그것이 공간 위에 파동처럼 퍼져간다고 상상할 수 있다. 이렇게 과학자들은 실제로 '전자파(전기장과 자기장이 교대로 퍼져가는 파동)'라는 현상을 발견한 것이다.

하지만 거기서 끝나지 않는다. 이 전자파가 전달되는 속도를 이론적으로 계산한 결과, 빛의 속도와 완전히 일치했던 것이다. 전혀 다른 현상이라고 생각되던 빛도 사실은 전자파였던 것이다!

이렇게 해서 '전기, 자기, 빛'을 통일해서 다룰 수 있는 '전자기학'이라는 분야가 창설되었다. 이렇듯 물리학은 서로 다른 분야의 물리적 현상을 한 분야의 학문체계로 통합해 설명하는 데 성공했다.

이 예처럼 다른 분야의 학문을 하나의 학문으로 통합하려는 흐름은 물리학의 세계에서 일상적인 사고이다. 실제로 지금도 물리학은 모든 물리적 현상을 하나의 이론으로 설명할 수 있는 '궁극의 통일이론'을 만들어내려고 밤낮없이 계속 연구하고 있다.

랭글랜즈는 이 생각을 수학의 세계에 끼워 넣으려고 했다. 그러나 수학의 세계에서는 어떨까? 수학의 세계에서 이렇게 통일할 수 있는 관계성이 있을까?

그에 대해 랭글랜즈는 낙관적이었다. 그는 '수학의 주요영역은 분명 모두 연결되어 있을 것이다'라고 생각했다.

다음의 식을 보자. 이것은 오일러가 발견한 '오일러 공식'이며 수학사상 가장 아름다운 공식이라고 불린다.

$$e^{i\pi} = -1$$

보는 바와 같이 자연로그의 밑 e를 i(허수단위)제곱하고 π(원주율) 제곱하면 -1이 된다는 공식인데 잘 생각해 보면 매우 이상한 식이 아닌가? 또한 e나 i, π도 서로 전혀 무관하다.

i는 $\sqrt{-1}$(제곱하면 -1이 되는 수)이라는 있을 수 없는 숫자를 어떻게든 표현하기 위해 억지로 생각한 것이며, π는 원의 면적을 쉽게 구하려고 생각한, 지름과 원주의 비에 지나지 않는다. 조

금 더 말하자면 π란 지름이 1일 때 원주의 길이를 말한다.

그런데 그것들을 위의 식처럼 조합해 보면 신기하게도 '-1'
이라는 간단한 숫자가 된다. 이것은 무엇을 의미할까?

한편 이런 것도 있다. 이 역시 오일러가 발견한 공식이다.

$$\frac{1}{1^2} + \frac{1}{2^2} + \frac{1}{3^2} + \frac{1}{4^2} + \cdots = \frac{\pi^2}{6}$$

제곱수의 역수를 무한히 덧붙여 나가면 어찌된 일인지 π가
나타나는 것이다. 이것을 발견한 오일러는 이 식의 아름다움에
매우 감동했다고 한다.

이러한 공식은 수학의 세계에 얼마든지 존재한다. 이들 식이
의미하는 것은 '수학이라는 세계는 그 배후에 놀라울 만큼 간결
하고 아름답고 신비한 구조를 갖고 있다'는 것이다. 어쩌면 수학
의 세계에는 이와 같은 신비한 관계성이 아직도 발견되지 못한
채 잠들어 있는지도 모른다.

그러니까 서로 무관하다고 생각하고 취급해 온 식이나 개념들
이 '사실은 깊은 부분에서 서로 연결되어 있었구나!' 하고, 생각
지도 못한 부분에서 관계성이 발견될 가능성은 수학의 각 분야
에도 충분히 있는 것이다.

랭글랜즈는 그러한 깊은 연관을 암시하는 것이 수학 속에 없을
까 모색하다가 타니야마-시무라 추론을 우연히 만나 미친 듯이

기뻐한다. 그는 이것이야말로 서로 다른 분야의 수학을 잇는 교두보인 것을 직감했다. 그리고 이 타니야마-시무라 추론을 증명하는 것이 '수학을 통일하는 끝없는 꿈'의 첫걸음이 되리라고 생각했다.

애초에 타니야마-시무라 추론이란 '타원방정식과 모듈러 형식이 똑같은 것이다'라는 추론이었다. 그러므로 타니야마-시무라 추론을 증명하는 것은 당연히 '타원방정식'과 '모듈러 형식'이라는 이제까지 별개로 생각되어 왔던 서로 다른 분야가 연결되어 있음을 의미하는 것이다. 그렇게 되면 물론 타원방정식의 세계나 모듈러 형식의 세계도 이미 고립된 세계는 아닌 것이다.

그러면 어떻게 될까? 만약 타원방정식이 모듈러 형식과 똑같은 것이라면 모듈러 형식의 분야에서 다루어졌던 테크닉이 타원방정식의 세계에 그대로 끼어들 수 있게 된다. 물론 그 반대도 가능하다. 그리고 이것은 매우 멋진 상승효과를 만들어낼 수 있다.

잠깐 이런 상상을 해 보자. 한 수학자가 어떤 식을 풀려고 했는데 아무리 해도 풀 수가 없었다. 그것은 매우 어려운 식이고 자기가 전공한 분야의 정리나 테크닉을 적용해 보아도 전혀 이가 맞지 않았다. 그러던 어느 날, 사실은 그 식을 기하학의 도형으로 표현할 수 있음을 알았다. 그래서 도형을 이용해 식을 써본다. 이제 여기에 기하학이라는 다른 분야의 테크닉을 사용할 수 있을 것이다.

그때 그는 퍼뜩 깨달은 것이 있었다. 바로 기하학의 테크닉에 따라 자와 컴퍼스로 어떤 방향으로 선을 쭉 그어본다. 그러자 그 선이 다른 선과 겹쳐진 점······. 과연 이것이야말로 자신이 찾고 있던 해답이었던 것이다! 이렇게 원래 식의 세계에서는 풀 수 없었던 난해한 문제가 다른 분야인 도형의 세계로 변환함으로써 깔끔하게 풀리는 경우도 있을 수 있다.

물론 그 반대의 경우도 존재할 것이다. 아무리 노력해도 풀 수 없는 도형 문제를 다른 분야의 식으로 표현해 공식을 적용함으로써 순식간에 풀게 될 수도 있다. 그것은 결국 어느 분야에서 발견된 정리나 테크닉이 다른 분야의 문제를 풀기 위한 도움이 된다는 것이다.

그리고 하나의 분야에서는 풀지 못했던 문제가 다른 분야의 테크닉을 이용해 풀게 되면 그 분야는 놀라운 발전을 바라볼 수 있다. 또한 그 분야의 발전은 그대로 다른 분야의 발전에 공헌할 수 있는 것이다. 이렇게 서로 다른 분야는 상승효과로 발전해나갈 수 있다. 그 효과나 자신의 전공 분야에만 갇혀 묵묵히 연구하고 있을 때와는 격이 다르다. 그렇게 발전해나가는 사이 더욱더 다른 분야와의 연계를 발견해낼 수 있다면······.

랭글랜즈는 이렇게 '다른 분야의 수학을 연결했을 때의 상승 효과' 그리고 '수학이라는 세계는 반드시 통일적으로 표현할 수 있는 아름다운 구조를 갖고 있다는 점'을 수학자들에게 적극적으로 호소해 타니야마-시무라 추론을 증명할 것을 권했다. 또한 전 세계의 수학자들에게 외쳤다.

'팽창할 대로 팽창한 수학계를 하나로 통일하자!'

랭글랜즈의 야심 찬 외침에 수학계는 열광했다.

'오오~! 우리 손으로 모든 분야를 통일하는 수학 체계를 만들어내는 거야!'

이 계획은 랭글랜즈 프로그램이라고 불려 국가를 초월한 수학자들의 일대 프로젝트로 전 세계에 뜨겁게 퍼져나간다. 그리고 이러한 배경에서 '만약 타니야마-시무라 추론이 올바르다고 가정한다면……'으로 시작되는 논문이 수백 개 나타났다. 그것은 두 개의 다른 분야의 수학이 서로 묶였을 때 어떤 멋진 일이 일어날까를 나타낸 것이었다.

물론 그들 논문은 타니야마-시무라 추론이 올바르다는 가정에서 나온 이야기이므로 흥미를 끄는 '타니야마-시무라 추론'이 증명되지 않는 한 아무 가치도 갖지 못한다. 만에 하나 추론이 잘못되었다는 것이 증명된다면 그들 논문은 쓰레기통행이 될 것이고, 증명을 발견하지 못한 동안은 계속해서 '진짜인가 아닌가 모르는 엉터리 이야기'인 채로 남는다. 그럼에도 불구하고 몇백 개나 되는 논문이 쓰였으니까 그만큼 이 추론에 수학의 미래에 대한 희망을 느낀 수학자들이 많았다는 것이다.

이렇게 해서 수학자들 사이에 타니야마-시무라 추론을 증명하려는 움직임이 일고 이 추론의 증명은 현대수학에서 가장 주목받는 문제로 남게 되었다.

프라이의 타원방정식

바로 그때였다. 프라이와 리벳이 그놈의 정체를 폭로한 것이다.
순간, 놈은 온순한 가면을 벗고 그 아래에 숨겨진 섬뜩한 얼굴을 드러냈다!

수학자들이 타니야마–시무라 추론의 증명에 들떠 있을 즈음 어떤 놀라운 사건이 일어났다. 그것은 독일의 작은 마을에서 열린 한 수학 강연회에서 벌어진 일이다.

강연자 중 한 사람인 수학자 게르하르트 프라이$^{\text{Gerhard Frey}}$는 무슨 생각을 했는지 갑자기 칠판에 페르마의 마지막 정리를 써내려가기 시작했다.

$x^n + y^n = z^n$

n이 3 이상일 때 이 식을 만족하는 x, y, z의 자연수는 존재하지 않는다.

그 강연회는 타원방정식의 연구 성과를 발표하는 자리였으며 페르마의 마지막 정리와는 전혀 무관했다. 그 때문에 참가자들은 모두 어안이 벙벙했다. 그에 굴하지 않고 프라이는 계속 써내려갔다.

> 페르마의 마지막 정리란 n이 3 이상일 때 이 식을 만족하는 x, y, z가 존재하지 않는다는 정리인데 반대로 이 식을 만족하는 x, y, z가 있다고 가정해 보자. 가령, 이 식을 만족하는 자연수 A, B, C가 있다고 하자. 그러면 $x=A$, $y=B$, $z=C$이니까 당연히 식은 될 것이다.

$$A^n + B^n = C^n$$

그리고 프라이는 이 식을 일사불란하게 변형하기 시작했다. 한참이 지나 원래 식은 이런 방정식으로 변신했다.

$$y^2 = x^3 + (A^n - B^n)x^2 - A^n B^n$$

여기서 위의 식은 원래의 식과 전혀 다른 모양이 되었는데, 어디까지나 기존 수학의 룰에 따라 식을 변형한 것에 지나지 않는다. 식의 모양을 바꾸었을 뿐이니까 위의 식은 본질적으로는 원래의 식과 똑같은 것이다.

눈이 휘둥그레져 있는 청중을 향해 프라이는 말했다.

"이 방정식은 사실 잘 보면 타원방정식의 하나입니다."

잘 생각해 보자. 원래 타원방정식이란 다음과 같은 모양을 가진 식이었다.

$$y^2 = x^3 + ax^2 + bx + c$$

여기서 $a = A^n - B^n$, $b = 0$, $c = -A^n B^n$을 대입하면 그대로 프라이가 바꿔 놓은 식이 되는 것을 알 수 있다. 즉, 프라이는 이런 결론을 이끌어냈던 것이다.

'마지막 정리의 방정식의 x, y, z에 해당하는 자연수가 있다고 한다면 이런 타원방정식이 존재한다.'

계속해서 프라이는 이 타원방정식을 분석해 어떤 성질을 갖고 있는가를 밝혔다. 그것은 매우 놀라운 성질이었다. 이 타원방정식은 모듈러 형식도 되지 않으며 타니야마-시무라 추론을 충족하지 못하는 것이다!

여기서 잠깐 요약해 보자. 요컨대 프라이가 말하고 있는 것은 바로 이런 것이다.

1) 페르마의 마지막 정리가 거짓(잘못되어 있다)이라고 가정한다.

2) 페르마의 마지막 정리가 거짓이므로 페르마의 방정식 x, y,

z에 해당하는 자연수 A, B, C가 존재한다.

3) 그 자연수 A, B, C를 사용해 원래의 식을 변형하면 어떤 타원방정식 X를 이끌어낼 수 있다.

4) 그러나 타원방정식 X는 묘한 성질을 갖고 있어 모듈러 형식도 되지 않으며 타니야마–시무라 추론도 충족하지 못한다.

5) 그러므로 타니야마–시무라 추론은 거짓이며 타니야마–시무라 추론은 성립되지 않는다.

요컨대 '1) 페르마의 마지막 정리가 성립되지 않는다'고 가정한 경우에는 필연적으로 '5) 타니야마-시무라 추론도 성립되지 않는다'는 결론이 나온다는 이야기다. 결국 '페르마의 마지막 정리가 올바른가 아닌가'는 '타니야마-시무라 추론이 올바른가 아닌가'로 이어져 있었던 것이다.

그럼 그 반대를 생각한 경우에는 어떻게 될까? 타니야마-시무라 추론은 어디까지나 '추론'이니까 아직 '미증명'의 상태이고 실제로 올바른가 아닌가는 현시점에서는 불명확하다. 그러나 이 타니야마-시무라 추론의 증명 방법이 발견되어 '타니야마-시무라 추론이 올바르다'는 것이 확정된 경우에는 어떨까? 그 경우에는 위의 논리를 반대로 거슬러 올라갈 수 있다.

1´) 타니야마-시무라 추론이 참(올바르다)이라고 증명된다.

2´) 타니야마-시무라 추론이 참이므로 모든 타원방정식은 반드시 모듈러 형식이며 모듈러 형식이 아닌 타원방정식은 존재하지 않는다.

3´) 그러면 모듈러 형식이 되지 않는 이상한 타원방정식 X는 현실에는 존재하지 않는다.

4´) 타원방정식 X가 존재하지 않는다면 그것을 만들어내는 원본이 된 페르마의 방정식 x, y, z에 해당하는 자연수 A, B, C도 존재하지 않게 된다. 그것은 '자연수의 해가 없다'는 페르마의 마지막 정리의 주장대로이다.

5´) 따라서 페르마의 마지막 정리는 참이며 페르마의 마지막 정리는 성립된다.

요컨대 '1´) 타니야마-시무라 추론이 성립된다'고 증명된 경우에는 '5´) 페르마의 마지막 정리도 성립된다'는 결론이 나온다.

"타니야마-시무라 추론을 증명하는 것은 페르마의 마지막 정리를 증명하는 것으로 이어져 있습니다!"

프라이는 청중을 내려다보며 그 놀라운 결론을 피력했다. 역사적인 전설의 미해결 문제와 현대수학의 최우선과제가 되고 있는 미해결 문제가 그야말로 하나로 겹쳐진 순간이었다.

강연장은 떠들썩해졌다. 전혀 관계없는 수학 문제가 사실은 서로 연결되어 있다는 것이 밝혀진 것이니까 청중들이 놀라는 것도 무리가 아니었다. 그런데 청중들이 웅성거렸던 데에는 또 다른 이유가 있었다.

프라이의 '페르마의 마지막 정리를 타원방정식으로 변형하는 아이디어'를 비롯해 '그 타원방정식이 모듈러 형식이 아니라는 것을 나타내며 타니야마-시무라 추론으로 연결할 수 있다는 아이디어'도 훌륭하다. 그것은 매우 획기적인 전략이었다. 하지만 단 한 가지, '그 타원방정식이 모듈러 형식이 아니다'라는 중요한 부분의 증명에 착오가 있었던 것이다. 그 부분의 증명이 완벽하지 않는 한, 분명히 말해 프라이의 일련의 주장은 전혀 의미를 갖지 못한다.

프라이의 착오는 그를 제외한 강연회 참가자 모두가 눈치채고 있었다고 한다. 그만큼 프라이가 범한 착오는 초보적인 것이었다. 결국, 경악할 사실을 칠판에 덧붙여놓고 만족스러운 미소를 띠고 있는 프라이를 보면서 대부분의 청중들은, "중요한 부분이, 잘못되어 있는데!" "프라이! 뒤를 봐!"라고 끼어들고 싶어서 근질근질한 상황이었다.

프라이의 아이디어가 아무리 훌륭하다고 해도 그 증명에 착오가 있는 한 그의 주장은 성립되지 못한다. 따라서 프라이가 범한 착오를 수정해 바로잡는 자가 '페르마의 마지막 정리와 타니야마-시무라 추론을 묶어 준 수학자'로 역사에 이름을 남기게 된다.

그리하여 프라이의 강연회를 들은 수학자들은 거미가 새끼를 퍼뜨리듯이 일제히 강연장을 뛰쳐나갔다. 프라이의 타원방정식을 갖고 돌아가 누구보다 더 빨리 수정작업을 완성하기 위함이었다.

이 시점에서는 모두들 프라이의 착오는 간단히 수정할 수 있을 거라고 생각했다. 그가 범한 실수는 아무래도 초보적인 것이었으니까 누구나 조금 가볍게 식을 바꿔 넣는 것만으로 잘될 거라고 본 것이다. 나머지는 그것을 누가 가장 빨리 해내는가에 달려 있었다.

하지만 사태는 그리 쉽게 풀리지 않았다. 애초에 간단하게 생각했던 프라이의 실수를 누구도 수정할 수가 없었던 것이다. 결국 프라이의 강연에 의해 '페르마의 마지막 정리와 타니야마-시무라 추론은 관계가 있는 것 같다'는 것은 분명해졌지만 그 관계가 완전하다는 증명을 얻을 수 없었던 것이다.

그러나 모두가 포기해도 끈질기게 증명에 몰두한 사람도 있었다. 바로 수학자 켄 리벳[Ken Ribet]이다.

그는 2년 가까이에 걸쳐 쉬지 않고 증명에 몰두하던 어느 날 친구 수학자 마주르[Barry Charles Mazur]와 함께 찻집에서 카푸치노를 즐기면서 자신의 증명의 중간 상황을 설명했다.

"여기까지는 잘 되었는데, 여기서부터 잘 안 된단 말이야."

끄덕끄덕 이야기를 듣고 있던 마주르는 갑자기 도저히 믿을 수 없다는 표정으로 리벳을 쳐다보았다. 왜냐하면 그 증명은 이미 완성되어 있었기 때문이다.

"무슨 말을 하는 거야. 여기를 이렇게 해서 네 이론을 적용하면……. 봐, 이미 완성된 거 아니야!"

리벳은 눈이 동그래졌다. 마주르가 말한 대로였다.

'어? 진짜네. 왜 이렇게 간단한 것을 몰랐을까.'

리벳의 증명에 의해 프라이가 주장한 이치는 모두 올바른 것이 되었다. 이렇게 '페르마의 마지막 정리'라는 전설의 미해결 문제와 '타니야마-시무라 추론'이라는 최신 미해결 문제가 완전히 연결된 것이다.

하지만 거기까지였다. 결국 그것을 안 시점에서 타니야마-시무라 추론을 증명하지 않는 한, 페르마의 마지막 정리는 증명되지 못한다. 그리고 타니야마-시무라 추론의 증명은 최근 30년간 아무 성과도 올리지 못했다.

요컨대 수학자들이 기껏 고생해서 거슬러 도달한 결론은 '타니야마-시무라 추론과 페르마의 마지막 정리가 연결되어 있다'는 것뿐이었다. 그리고 수학자들은 두 가지가 연결되어 있다는 말을 듣고 놀랐고 그 발견을 칭찬했지만 놀라움이 식어감에 따라 이번에는 절망적인 상상에 지배당했다.

'잠깐, 타니야마–시무라 추론이 페르마의 마지막 정리와 연결되어 있다는 말은……. 그건 결국 타니야마–시무라 추론의 증명이 절망적이라는 것 아닌가!'

수학자들에게 페르마의 마지막 정리는 결코 손을 대서는 안 되는 전설의 미해결 문제이며 '증명하는 것이 불가능한 명제'의 대명사이다. 그런 것이 수학계의 최우선 과제의 증명과 이어져 있다는 것은 악몽이 아니고 무엇이겠는가.

그것은 마치 이런 상황과 같았다. 어느 날, 그놈은 갑자기 천사 같은 얼굴로 수학자들 앞에 다가와 이렇게 말했다.

나는 서로 다른 분야를 한데 묶는 교두보가 될 문제입니다. 저를 증명하는 것은 수학계를 통일하는 첫걸음이 될 겁니다. 아무쪼록 꼭 저를 증명해 보여 주세요.

분명 그 말에 틀림은 없었다. 그 문제를 증명하는 것은 수학계에 있어서 가슴 두근거리는 미래를 창조하는 것이나 다름없었다.

수학자들은 유혹에 이끌려 증명에 몰두했다. 그러나 이상하게도 증명이 진전될 기미는 전혀 보이지 않았다.

'어, 어떻게 된 거지요? 아직도 증명 안 된 건가요? 이상하군요.'

그놈은 서늘한 얼굴로 수학자들을 둘러보았다. 수학자들은 뭔가 점점 이상해지고 있음을 느끼기 시작했다. 그 시대 최고의 수학자들이 서로 협력하여 그 문제를 증명하려고 노력했는데도 30년간 아무런 진전도 없는 것이다.

바로 그때였다. 프라이와 리벳이 그놈의 정체를 폭로한 것이다. 순간, 놈은 온순한 가면을 벗고 섬뜩한 얼굴을 드러냈다!

'유감이군요. 바로 저였습지요!'

'꺅! 페르마의 마지막 정리다!'

시공을 초월해 도대체 몇 번을 수학자들 앞에 당당히 서 있는가, 페르마의 마지막 정리라는 악마!

수학자들은 타니야마-시무라 추론의 정체가 페르마의 마지막 정리임을 알고 이 추론을 지금까지 증명할 수 없었던 이유를 비로소 깨달았다. 상대는 결코 근 수십 년간 발견되었던 흔하디흔한 문제가 아니었다. 진짜 정체는 350년 가까이 어떤 천재 수학자의 도전도 허락하지 않았던 전설의 악마였던 것이다.

이렇게 해서 수많은 수학자들이 절망의 한숨을 쉬면서 타니야마-시무라 추론의 증명을 포기했다. 그리고 수학자들 사이에는 다음과 같은 공통적인 인식이 뿌리 깊어져 갔다.

'적어도 우리가 살아 있는 동안에는 타니야마-시무라 추론이

증명되는 일은 없을 것이다.'

실제로 당시 타니야마-시무라 추론의 증명에 무수한 수학자들이 도전장을 내밀었는데도 거의 손을 쓸 수 없는 상태였으니 무리도 아닐 것이다. 애초에 페르마의 마지막 정리와 타니야마-시무라 추론을 연결한 당사자 리벳조차 이 추론의 증명은 절망적이라고 생각했다. 모두가 포기한 최대의 문제를 2년 가까이 끈기 있게 매달려 해결한 리벳마저 이러한데 그 밖에 누가 증명할 수 있다고 생각할까.

그런데 이 무모한 증명에 투지를 불사르는 수학자가 있었다. 예전 도서관에서 페르마의 마지막 정리를 만난 바로 그 소년이었다. 그리고 드디어 페르마의 마지막 정리의 '최후의 문'이 열리려고 하고 있다…….

결투 전날 밤의 논문

'5차 이상의 방정식에는 일반적인 해의 공식이 존재하지 않는다'는 것이 아벨에 의해 증명되었다. 이것을 다시 말하면, '어떤 형태의 5차방정식에도 적용할 수 있는 만능의 공식은 없다'는 의미이다. 5차 이상의 방정식이라도 그 형태에 따라서는 해의 공식을 가지는 경우가 있다. 예를 들어, $ax^5+b=0$이라는 간단한 형태의 식을 떠올려 보면 5차방정식이라도 해를 도출할 수 있는(해의 공식이 있는) 경우가 쉽게 상상이 될 것이다.

그럼, 방정식은 어느 때 해의 공식을 가지며 그렇지 않은 때는 언제일까? 또한 해를 갖는다면 어떤 공식일까? 그것을 밝힌 것이 갓 스무 살의 갈루아$^{Évariste\ Galois}$라는 젊은이였다. 하지만 갈루아도 아벨에 이어 비극의 인생을 걷게 된다.

1811년, 공립학교의 교장인 아버지와 파리 대학교수의 딸인 어머니 사이에서 태어난 갈루아는 교육열이 높은 부모 밑에서 자라 밝고 건강한 소년 시절을 보냈다. 그런 갈루아의 인생이 급변한 것은 16세 때 한 권의 책을 만나면서부터다.

그것은 바로 수학자 르장드르^{Andrien Marie Legendre}가 쓴 《기하학의 기초》라는 책이었다. 그는 이 책에 푹 빠져 수학의 포로가 되고 만다. 그때까지 성적이 우수했던 갈루아는 갑자기 수학에만 열중하고 다른 과목에는 전혀 관심을 보이지 않을 정도였다. 갈루아의 수학에 대한 정열과 탐구심은 결국 교사들을 넘어서면서 스스로 프로 수학자들의 논문을 읽기 시작하고 독학으로 수학을 배우게 되었다.

교사들은 갈루아의 부모님에게 이런 충고를 한다.

"갈루아는 수학의 광기에 지배당했습니다. 그에게는 수학만 공부하게 하는 것이 좋겠습니다."

그 후 갈루아는 프랑스에서 제일가는 명문 대학의 시험을 치른다. 그곳은 일류 수학을 배우기에 안성맞춤이었으며, 프랑스에서도 가장 들어가기 어려운 대학이었지만 갈루아의 재능으로는 쉽게 입학할 수 있었을 것이다.

하지만 문제는 바로 그 재능에 있었다. 갈루아의 비범한 재능이 그의 성격을 불손하고 건방지게 만든 것이다. 면접에서 너무도 당당한 태도를 보였던 갈루아는 결국 불합격하고 만다.

어떻게 해서라도 그 대학에 들어가고 싶던 갈루아는 1년 후 다시 같은 대학에 원서를 넣는다. 그 명문 대학은 두 번밖에 수험의 기회가 주어지지 않았기 때문에 이번 입학시험이 마지막 기회였다. 그런데 이때 갈루아에게 불행이 닥쳐왔다. 그가 누구보다 존경하던 아버지가 자살한 것이다.

갈루아의 아버지는 왕이나 교회의 권위를 인정하지 않는 공화주의자였다. 그는 백일천하에 마을의 원로가 되었는데 왕정복고의 시대가 되어도 인망으로 그 자리에 계속 머물러 있었다. 새로 부임해 온 사제가 그런 그를 시기했다. 그래서 그의 글씨체를 베낀 비열한 내용의 시를 조작해 갈루아의 아버지가 창작한 작품이라고 떠벌리고 다녔다. 중상모략에 깊은 마음의 상처를 입은 갈루아의 아버지는 자살을 결심하기에 이른다. 또한 갈루아의 아버지가 매장될 때 이것이 사제의 책략이라는 것을 깨달은 민중들이 교회로 몰려들어 사제를 덮치는 유혈소동까지 일어났다. 그 자리에 있던 갈루아는 이 사건을 계기로 평생 왕정과 교회에 깊은 증오심을 갖게 된다.

그리고 불행하게도 이 사건 며칠 후 입학시험이 있었다. 아직 아버지의 죽음의 충격으로부터 벗어나지 못하고 방황하던 갈루아는 면접에서 다시 문제를 일으키고 만다. 더구나 이때도 면접에서 미끄러진 갈루아는 분노한 나머지 시험관을 향해 칠판지우개를 던져 버린다. 그 지우개는 보기 좋게 면접관의 얼굴을 강타한다.

당연히 갈루아의 두 번째 시험도 실패로 끝나고 그가 바라던 명문 대학 진학의 길은 완전히 끊기고 말았다.

그래도 갈루아는 자포자기하지 않았다. 그에게는 자신의 수학적 재능에 대한 절대적인 자신감이 있었으니까. 명문 대학에 들어가지 않는다고 해도 수학자가 될 길은 얼마든지 있다. 프로 수학자들이 깜짝 놀랄 논문을 써서 학회에서 인정받으면 되는 것이다.

갈루아는 자신의 재능을 세간에 알리기 위해 당시 많은 수학자들의 관심거리였던 '5차방정식의 해의 공식' 연구에 빠져들었다. 그리고 연구 논문을 학회로 보냈다.

하지만 그 논문의 심사를 담당한 코시는 아벨의 논문에 이어 또다시 논문을 분실한다!

어쩔 수 없이 갈루아는 다시 한 번 논문을 고쳐 써 학회로 보냈다. 그런데 이번에는 심사위원이었던 푸리에Jean Baptiste Joseph Baron Fourier가 그 논문을 자기 집으로 가져간 다음 급사해 논문은 다시 행방이 묘연해지고 말았다.

원래대로라면 있을 수 없는 불운이 두 번이나 계속되었지만 갈루아는 굴하지 않고 세 번이나 논문을 고쳐 쓴다. 하지만 이번에도 학회로부터 수개월이 지나도 아무런 소식이 없었다.

분개한 것은 갈루아만이 아니었다. 그의 친구인 슈발리에^{August Chevalier}는 두 번의 분실 사건을 일으켜 세 번째의 제출에도 답이 없는 학회에 대해 책임자의 이름을 고발하는 기사를 신문에 실었다.

그것을 알고 겨우 무거운 엉덩이를 들어 사실관계를 확인한 학회로부터 돌아온 것은 갈루아를 늘씬 두들겨 패주는 내용의 답장이었다.

'갈루아의 증명은 엄밀하지도 않고 충분히 전개되어 있지도 않으므로 심사할 수 없습니다.'

결국 학회가 내린 결론은 너무나 혁신적인 갈루아의 논문을 '이해할 수 없는 것으로 간주해 취하한다'는 것이었다. 시험에 실패하고 논문도 학회에서 인정받지 못하는 불운이 계속된 갈루아는 마음이 점차 황폐해져 간다.

페르마의 마지막 정리 증명에 공헌한 여성 수학자 소피는 당시 갈루아와 관련된 상담편지를 지인에게 보낸다.

'푸리에의 급사(논문 분실 사건)라는 불운이 갈루아의 인생에 커다란 타격을 주었습니다. 건방지기는 해도 뛰어난 재능을 가진 그 아이를 그냥 두었다가는 미쳐버릴 것입니다. 그 정도의 재능을 가진 젊은이가 이대로 사라지는 것은 아닌지 저는 두렵습니다.'

소피의 걱정도 무색하게 갈루아의 인생은 점점 뒤틀려갔다. 그에게 남은 것은 자신을 인정하지 않는 사회와, 아버지를 죽게 한 왕정과 교회에 대한 증오심뿐이었다. 결국 갈루아는 과격한 혁명운동에 몸을 내던지고 급기야는 정치범으로 투옥된다. 그 후 석방되기는 했지만 술에 절어 자살을 시도하기에 이른다.

당시 갈루아는 자신의 감정을 이렇게 토로했다.

'나에게 무엇이 부족한지 아는가? 나에게 없는 것은 진심으로 사랑할 수 있는 인간이다. 나는 아버지를 잃었다. 아버지를 대신할 사람은 아무도 없다.'

그런 갈루아에게도 드디어 진심으로 사랑하는 사람이 나타난다. 바로 스테파니라는 여성이었다. 갈루아는 그녀에게 사랑을 느꼈다. 그녀가 자신의 구원자가 될 것이 틀림없다고 생각했다.

그러나 갈루아의 불행은 끝나지 않았다. 그녀에게는 이미 약혼자가 있었던 것이다. 갈루아는 그녀의 약혼자로부터 결투 신청을 받는다. 거기다 더 최악인 것은 그 약혼자가 프랑스의 유일한 총잡이였다는 사실이다.

결투에서 갈루아가 패할 것은 자명했다. 그래도 그는 도망치지 않았다. 당시 프랑스에서 결투는 일상적으로 일어나고 있었고, 명예나 체면을 신경 쓰는 젊은이들로서는 결투를 받아들이지 않을 수 없었던 것이다. 아니 어쩌면 스무 살에 모든 것을 잃은 이 젊은이는 이미 자포자기 상태가 되었는지도 모른다.

갈루아는 결투 신청을 받아들여 이른 아침 결투 장소로 향하기로 했다. 그리고 결투 전날 마지막 밤을 보내게 된다.

'내일 죽어주겠다'고 생각한 젊은이는 마지막 밤을 어떻게 보냈을까? 사실 모든 것을 잃은 갈루아에게도 단 하나 마음에 남아 있는 것이 있었다. 그것은 바로 죽음과 함께 자신의 수학적인 성과가 사라져 버린다는 것이었다.

갈루아는 밤을 새워 마지막 논문을 쓰기로 한다. 그는 인생 최후의 시간을 들여 자신이 여태까지 연구한 수학의 전부를 글로 남기기로 마음먹었지만, 시간은 턱없이 부족했다. 그 때문에 시간에 쫓기며 쓴 그것은 논문이라기보다 난잡한 낙서에 가까웠다. 또한 대부분 페이지는 급하게 쓰느라 잘못 써서 정정한 선들로 도배되어 있었고 군데군데의 여백에는 '이제 시간이 없다!' '나의 스테파니' 같은 안타까운 감정이 서린 단어들이 덧붙여져 있었다.

애당초 몇 년분에 해당하는 연구를 단 하룻밤에 표현해내려는 것 자체가 무모한 짓이었다. 그래도 갈루아는 최선을 다해 자기 안에 있는 수학을, 자신이 살았었다는 증거를 그 안에 모조리 새겨 넣었다.

그러나 지금까지 갈루아가 어떤 논문을 쓰든 세간은 그것을 조잡하게 다루어오지 않았던가. 따라서 그렇게까지 논문을 써서 남긴들 또 누군가에게 버려질지도 모른다. 그런 두려움이 갈루아에게 없었을까? 그에게는 단 한 명 믿을 수 있는 친구가 있었다. 그것은 학회의 분실 사건이 일어났을 때 자신의 일인 양 분개하며 학회를 고발해 주었던 친구 슈발리에였다.

갈루아는 슈발리에를 믿었다. 그러면 이 논문을 조잡하게 다룰 리는 없다. 그는 친구에게 자신이 남긴 글을 위탁하기로 했다.

'이 논문이 올바른가가 아니라 중요한 것인지를 가우스나 야코비에게 물어봐 주었으면 한다.'

갈루아는 슈발리에에게 편지를 보내고 그 길로 결투 장소로 향했다. 그리고 결투에 패한 갈루아는 배가 갈라져 그대로 방치된 끝에 죽음을 맞이한다.

소식을 듣고 달려온 동생에게 갈루아는 한 마지막 유언을 남겼다.

"아아, 울지 마라. 나는 지금 스무 살에 죽는 것이니 온갖 용기를 쏟아내야 하지 않니."

갈루아가 죽은 후 유고를 위탁받은 슈발리에는 복사본을 가우스 같은 저명한 수학자들에게 보냈다.

하지만 발로 쓴 것 같은 논문을 아무도 이해할 수 없었다. 사실 그 논문은 결투 전날 밤이라는 불안정한 정신 상태에서 쓴 것인데다, 갈루아는 착란증세로 말도 안 되는 것들을 써내려간 것인지도 모른다. 그런 의심이 들어도 이상할 것은 없었다.

그렇지만 갈루아를 믿었던 슈발리에는 갈루아의 알아볼 수 없는 글들을 해독해 정성스럽게 하나하나 정리해나갔다. 이렇게 슈발리에가 편집한 논문은 수학자들 사이에서 조금씩 퍼져나갔으며 갈루아의 유고를 연구하는 수학자들이 하나둘 나타나기 시작했다.

마침내 수학자 리우빌^{Joseph Liouville}이 갈루아의 논문을 연구하여 그 성과를 발표했다. 갈루아가 죽고 14년 후의 일이었다. 그리고 그것은 매우 커다란 반향을 불러왔다. 왜냐하면 리우빌이 발표한 내용이란, 5차 이상의 방정식에 대해 '해를 갖는 것과 갖지 않는 것으로 분류하는 방법' 그리고 '해를 갖는 것에 대해서는 해를 구하는 방법'을 제대로 정식화한 것이었기 때문이다.

그렇다. 갈루아가 마지막에 남긴 논문은 바로, '방정식의 해의 공식'의 성질을 완전히 밝힌 획기적인 이론이었던 것이다.

이렇게 해서 5차 이상의 방정식의 해의 공식의 모든 것이 밝혀지고 n차방정식을 둘러싼 수학자들의 탐구 여행은 하나의 종지부를 찍었다. 그 탐구에 가장 공헌한 사람은 아벨과 갈루아인데, 그들은 그 성과보다도 '수학사상 가장 불행한 수학자'로 이름이 알려져 있다.

하지만 과연 그들이 정말 불행했을까? 분명 그 재능을 세상으로부터 인정받지 못하고 젊은 나이에 요절한 점만 보면 그들은 불행했는지도 모른다. 그렇다고 행운이 눈곱만큼도 없었다고는 생각되지 않는다. 그들은 인생에서 죽음이 임박한 순간 정말로 신뢰하고 유고를 맡길 수 있는 진정한 친구를 얻지 않았는가. 과연 그 이상의 행운이 인생에 또 있을까?

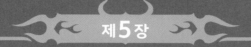

앤드루 와일즈

타니야마-시무라 추론의 증명이 페르마의 마지막 정리의 증명으로이어진다는
리벳의 증명을 들었을 때 주변의 풍경이 갑자기 바뀌었다.

열 살 때, 학교 방과 후 도서관에서 페르마의 마지막 정리를 우
연히 만난 앤드루 와일즈는 그때 다짐한 대로 어느덧 수학자가
되어 있었다.

'페르마의 마지막 정리를 증명하고 싶다!'

어린 시절에 꾼 꿈이 그를 수학자의 길로 나아가게 한 것이다.

와일즈는 '자, 염원하던 수학자가 되었으니 이제부터 매일 페
르마의 마지막 정리 증명에 도전할 수 있겠지!'라고 기쁨을 가
득 안고 수학계로 뛰어들었다. 그런데 정작 마지막 정리의 증명
에 관한 연구는 할 수 없었다. 왜냐하면 페르마의 마지막 정리는
전설적인 미해결 문제라고는 하나 일찍이 프로 수학자들이 손을

댄 문제는 아니었기 때문이다.

와일즈 역시 수학자가 되었으니 그런 곰팡이 핀 낡은 문제 따위보다는 더 최신의 것, 그리고 유행하는 수학에 뛰어들지 않으면 안 되었다. 게다가 만약 페르마의 마지막 정리 같은 데에 사로잡혀 있다가 선배나 지도교수들한테 알려지기라도 하면 얼마나 꾸중을 들을까.

실제로 와일즈는 지도교수에게 '페르마의 마지막 정리를 연구하고 싶다'고 말한 적이 있는데 그때 '그 문제에 관여해서는 안 된다!'는 충고를 들었다. 그러니 와일즈로서는 의욕을 억누르고 지도교수가 정해 준 주제로 수학 연구에 몰두하는 수밖에 없었던 것이다.

거기다 실제로 어린 시절 한때의 꿈을 언제까지 쫓고만 있을 수는 없다. 어른은 더 결실이 보이는 일에 몰두해야만 한다. 그렇다. 그날의 소년도 지금은 이미 어른이 되었다.

그런 그가 교수한테서 받은 주제란 '타원방정식(정확히는 제타함수)'과 관계된 '이와자와 이론'이라고 불리는 것이었다.

와일즈는 학위논문으로 이와자와 이론을 연구하면서 아직 증명되지 않았던 '이와자와 주추론'을 증명하여 일약 이름이 알려지게 된다. 그리고 최종적으로는 프린스턴 대학의 교수로까지 올라간다.

유행하는 수학의 주제를 받아 거기서 아직 증명되지 않은 추론을 해결해 명예와 명문 대학의 교수직을 받게 된 와일즈는 수학자로서 순풍에 돛단 듯한 인생을 걷고 있었다고 할 수 있다. 바로 그 무렵이었다.

> 타니야마-시무라 추론을 증명하는 것은 페르마의 마지막 정리를 증명하는 것과 같다.

그 뉴스를 들은 와일즈는 놀랐다. 타니야마-시무라 추론이라고 하면 타원방정식에 관한 추론이다. 그리고 와일즈는 이와자와 이론을 통해 마침 그 타원방정식의 전문가가 되었고 전 세계의 어느 수학자들보다도 정통한 사람이었던 것이다.

와일즈는 운명적인 예감을 느꼈다. 어린 시절에 언젠가 꼭 증명해내리라고 마음에 새긴 페르마의 마지막 정리. 그 미해결 문제를 풀기 위해 수학자가 된 와일즈. 한때는 그 꿈에서 멀어져 전혀 다른 주제의 수학을 연구하기도 했지만 사실 그 연구가 페르마의 마지막 정리와 이어져 있었던 것이다.

이를 와일즈는 '타니야마-시무라 추론의 증명이 페르마의 마지막 정리의 증명으로 이어진다는 리벳의 증명을 들었을 때 주변의 풍경이 갑자기 바뀌었다'는 말로 표현했다. 이 '풍경이 바뀌었다'는 말은 매우 인상 깊다. 어쩌면 그때까지 와일즈는 성공한 인생을 걸으면서도 사실은 쭉 안개 낀 회색의 세계를 살고 있었던 것은 아닐까. 수학자로서 성공을 이루지 못한 것에 대한 채워지지 않는 공허함을 늘 느끼고 있었던 것은 아닐까.

와일즈는 리벳의 증명 사실을 듣고 '감전된 듯한 충격을 받았다'고도 말하고 있다. 잠이 퍼뜩 깼다는 표현이 적합할지도 모르겠다. 페르마의 마지막 정리를 증명한다는 무모하고도 위험한 꿈이 그의 의식을 각성시켰던 것이다.

'그래! 페르마의 마지막 정리를 증명해야겠어. 맞아, 그게 옳아! 나는 그것을 위해 수학자가 되지 않았는가!'

이미 주체할 수 없는 감정을 억누를 방법은 없었다. 그는 어린 시절의 꿈을 다시 결의했다. 그리고…… 그의 인생은 돌변한다.

우선 그는 대학에 종종 얼굴을 내밀지 않게 된다. 페르마의 마지막 정리의 증명이 '삶의 보람'이고 그것에만 집중하고 싶었던 와일즈는 강의나 학생 지도 등 최소의 필요한 일만 하고 나머지 시간은 쭉 지붕 밑 다락방에 틀어박혀 한 발짝도 나오지 않았다.

또한 페르마의 마지막 정리와 상관없는 수학의 연구에는 일절 무관심한 태도를 보이며 항상 나가던 수학자들의 정례회의에조차 얼굴을 내밀지 않았다.

요컨대 와일즈는 페르마의 마지막 정리의 증명에 열중한 나머지 그 이외의 사물에 대해서 흥미를 잃게 되었던 것이다. 그것은 이전에 미해결 문제에 포로가 되었던 사람들과 다를 바 없는 변화였다.

원래 '페르마의 마지막 정리 이외의 것에 흥미를 잃었다'고 해도 와일즈 역시 프로 수학자이니까 정기적으로 자신이 전공하는 수학의 연구 성과를 논문으로 발표해야만 한다. 그래서 그는 마지막 정리의 증명을 시작하기 전에 발표하려고 했던 논문을 짧게 잘라 반년마다 조금씩 발표하기로 했다. 이것으로 한참 동안 시간을 벌려고 했던 것이다. 하지만 그것은 물론 와일즈의 능력의 몇 분의 1의 성과에 지나지 않았다.

총명하고 재능 넘치는 인물이었으며 주변으로부터 촉망받는 뛰어난 수학자였던 와일즈가 대학과 수학자들의 모임에도 얼굴을 내밀지 않고 중요한 성과를 내지도 않자 그의 평판은 점점 나빠졌다.

'와일즈의 재능은 다 말라 시든 것 같다.'

이와 같은 평가에도 와일즈는 너무나 행복했다. 어릴 때부터 꿈꿔 왔던 세계 제일의 퍼즐에 손을 댄 것은 정말 즐거운 일이 아닐 수 없기 때문이다.

그런데 놀랍게도 와일즈는 6년이라는 오랜 기간 동안, 페르마의 마지막 정리에 도전하고 있다는 사실을 단 한 사람을 제외하고 그 누구에게도 말하지 않았다. 리벳과 마주르처럼 찻집에서 수학에 대해 이야기를 나누며 서로 조언을 해 주거나 격려하는 것이 당연한 이 시대에 있어서는 보기 드문 일이었다.

사실 와일즈는 누구에게도 방해받지 않고 지붕 밑 다락방에서 소년 시절로 돌아가 혼자서만 세계 제일의 퍼즐을 들여다보고 싶었던 것이다.

이처럼 무모한 문제에 뛰어든 것을 단 한 사람을 제외하고 아무에게도 밝히지 않았기 때문에 다른 사람들이 볼 때는 그가 갑자기 무능해진 것처럼 보일 뿐이었다.

이 시점까지의 와일즈는 페르마의 마지막 정리라는 악마에게 홀려 그 풍부한 재능을 시궁창에 던져 버리고 온 사람들과 똑같았다. 만약 이대로 시간이 흘러간다면 분명 와일즈는 무능한 수학자라는 꼬리표를 달고 대학에서도 쫓겨나 절망에 빠져 그 인생을 마치게 될는지도 모른다.

타니야마-시무라 추론의 증명에 도전하다

와일즈는 조심조심 그 열쇠를 마지막 타원방정식에 대입해 보았다.
찰칵 하는 소리가 들리고 350년 동안 쭉 굳게 닫혀만 있던 문이
묵직한 소리와 함께 열리기 시작했다.

타니야마-시무라 추론을 증명하는 것은 모든 타원방정식이 모
듈러 형식임을 증명하는 것과 같다. 우선 하나의 타원방정식이
(제타함수를 통해) 모듈러 형식임을 증명하는 것은 어려운 일은 아
니다. 그보다 더 큰 문제는 타원방정식이 '무한'히 존재한다는
사실이다. 수학의 증명에서는 언제나 이 '무한'이라는 놈이 경계
의 대상이 된다.

이를테면 어떤 식에서 '$x=3$인 경우에 식이 성립됩니까?' 하
고 물으면 증명은 간단하다. 실제로 그 식의 x에 3을 대입해 보
면 되는 것이다. 그것으로 식이 성립하는지 아닌지 한 방에 알
수 있다. 하지만 'x가 모든 자연수인 경우에 성립됩니까?'라고

물으면 그리 간단하게 풀리지는 않는다. 왜냐하면 '모든 자연수'는 '무한'히 존재하기 때문이다.

무한히 존재한다고 해서 일일이 '$x=1$인 경우, $x=2$인 경우, $x=3$인 경우, …'라고 해도 답은 안 나온다. 1초 동안에 1,000조 개의 계산이 가능한 페타플롭스급의 최신 컴퓨터를 동원한다 해도 무한히 존재하는 경우에 대해 계산하는 것은 불가능하다.

와일즈는 그 무한에 대항하기 위해 '이와자와 이론'을 적용하려고 했다. 이와자와 이론은 타원방정식을 분석하는 기법이며 그것이 타원방정식의 무한에 대항할 가능성이 있었기 때문이다.

하지만 이와자와 이론을 그대로 사용하는 것은 불가능했다. 그래서 이 문제에 적용할 수 있도록 이와자와 이론을 확장하는 연구를 시작했다. 그러나 그 연구는 좀처럼 쉽게 진행되지 않았다. 그리고 눈 깜짝할 사이에 5년이라는 세월이 흘러갔다.

그동안 와일즈의 이와자와 이론을 사용한 접근은 번번이 실패로 끝났다. 5년이나 되는 시간을 페르마의 마지막 정리에만 바쳤는데도 아무런 성과도 내지 못했던 것이다. 그리고 그의 연구는 완전히 찌들어 버렸다.

와일즈는 하는 수 없이 새로운 정보를 도입하기 위해 수학계로 복귀하는 것을 고려했다. 그는 슬슬 수학자들의 정례회의에 출석하고 이와자와 이론을 가르쳤던 예전의 지도교수 일도 다시 시작하면서 '콜리바긴-플라흐의 방법'이라는 최신의 기법을 듣게 된다.

콜리바긴-플라흐의 방법이란, 플라흐가 콜리바긴이라는 러시아 수학자와 함께 개발한 것으로 타원방정식을 분석하는 최신 기법이었다. 그리고 정말 와일즈가 찾고 있던 것이기도 했다.

와일즈는 지금까지의 5년간을 버리고 그 방법을 이용해 재출발할 것을 결의했다. 그는 수개월간을 철저한 공부기간으로 삼아 콜리바긴-플라흐의 방법을 습득하는 데 시간을 바친 뒤 자신의 문제에 적용해 보았다. 그러자 특정 타원방정식에 대해서는 잘 풀리는 것을 알았다. 하지만 특정 타원방정식에만 사용할 수 있을 뿐 모든 타원방정식에 사용할 수 있는 것은 아니라는 것도 알았다.

그래서 와일즈는 타원방정식을 몇 가지 종류로 나누어 그 종류마다 콜리바긴-플라흐의 방법을 고안해 적용하는 전략을 생각해냈다.

타원방정식은 무한히 존재하는데 그 방정식을 몇 가지의 종류로 나누는 것은 가능하다. 와일즈는 종류별로 나눈 하나하나를 해결해나가기로 한 것이다.

예를 들어 x를 자연수로 한 경우, x는 무한히 존재하기 때문에 하나하나의 자연수에 대해 성립하는 것을 생각하기란 어렵다. 하지만 자연수에는 짝수와 홀수가 있으므로 일단 'x가 짝수인 경우, x가 홀수인 경우'로 나누어 각각의 경우를 증명하는 방식도 있다. 짝수와 홀수, 양쪽 모두 성립된다면 모든 자연수에 대해 증명할 수 있다는 것과 마찬가지이다.

와일즈가 채용한 전략도 이것과 똑같았다. 타원방정식을 그 성질마다 몇 종류로 나누어 각각의 종류에 콜리바긴-플라흐의 방법을 확장해 적용함으로써 해결하려고 했던 것이다.

그 방법은 먹히는 듯했다. 와일즈는 그로부터 1년을 더 연구하여 종류별로 나누어진 타원방정식을 착실히 증명해나갔다. 하지만 여기서 와일즈는 불안해졌다.

'나는 정말 잘 해낼 수 있을까? 어차피 콜리바긴-플라흐의 방법은 최근에 와서야 알게 된 최신 기법인데 정말 잘 사용해낼 수 있을까?'

미해결 문제에 도전한 사람들의 대다수는 자신을 돌아보는 것 없이 완전히 잘못된 논리 위에서 증명을 추론해 진행하고는 '드디어 증명했다!'고 세간에 알리고 다니지만 와일즈는 그런 우를 범하지 않았다.

그는 6년째에 처음으로 자신의 연구 성과를 함께 검토해 줄 파트너를 찾았다. 같은 대학 동료이자 수학자 친구인 닉 카츠[Nick Katz]에게 자신의 성과를 봐달라고 부탁했다.

카츠는 와일즈가 6년간이나 누구에게도 알리지 않고 몰래 방대한 연구를 하고 있었던 것에 놀라면서도 그의 증명을 확인해 줄 것을 약속했다.

와일즈는 파트너를 찾을 때 뛰어난 수학자란 당연한 조건 외에도 '무거운 입'에 대해서도 중요하게 생각했다. 와일즈로서는 만에 하나라도 파트너에게서 연구 결과가 새어나가거나 페르마의 마지막 정리에 손을 대고 있다는 것을 들켜 귀찮은 상황에 말려드는 것을 피해야 했다. 그런 의미에서 카츠는 딱 적합한 인물이었다. 실제로 카츠는 와일즈의 연구가 완료될 때까지 누구에게도 비밀을 누설하지 않고 침묵을 지켜주었다.

와일즈는 1년 후 또 한 명의 동료 사낙에게도 이 일을 밝혔는데 사낙은 아주 약간 비밀을 누설해 버렸다고 후일 고백하고 있다. 그런 의미에서 처음에 카츠를 선택한 와일즈의 눈은 옳았다고 할 수 있을 것이다.

와일즈와 카츠의 비밀 공동 연구가 시작되면서 한 가지 문제가 거론되었다. 카츠는 와일즈의 증명을 확인하는 제안을 받아들이긴 했지만 그 증명은 어마어마하고 고도로 깊고 큰 것이어서 선뜻 손을 댈 만한 일은 아니었다.

그렇게 생각하는 것도 무리는 아닐 것이다. 그 증명은 와일즈가 6년의 세월을 공들여 온몸으로 만들어낸 연구 성과의 집대성이다. 때문에 어제 오늘 이 문제에 매달리기 시작한 카츠가 하루 아침에 이해하지 못한다 해도 어쩔 수 없을 것이다. 애초에 콜리바긴-플라흐의 방법만 해도 와일즈가 습득하는 데 수개월이나 걸렸으니 말이다.

이만큼 고도로 복잡한 수학의 증명은 계획을 세워 설명을 듣지 않으면 도저히 이해할 수 있는 것은 아니었으며 물론 효율적이지도 않았다. 그래서 그들은 작전을 하나 세운다. 대학원생 대상으로 새로운 강의를 열어 거기서 설명하기로 한 것이다. 이렇게 해서 '타원곡선의 계산'이라는 강의가 열리고 대학원생과 카츠가 청강을 하게 되었다.

그 강의에 참여한, 아무것도 모르는 학생들은 아연실색했다. '타원곡선(타원방정식)의 계산'이라는 평범한 교양강의인데 강사인 와일즈는 갑자기 아무 설명도 하지 않고 아무리 봐도 학생 대상은 아닌 엄청 난해한 수학의 증명을 칠판에 가득 적기 시작했던 것이다. 프로 수학자이며 강의의 목적이나 배경을 잘 알고 있는 카츠조차 이해하기 어려운데 아무 설명도 듣지 못한 학생들이 잘 따라갈 리가 없었다.

이해할 수 없는 수업만큼 지루하고 고통스러운 것은 없다. 강의에 참여한 학생들은 하나씩 줄어들고 급기야 청강자는 카츠 혼자만 남게 되었다. 물론 모든 것은 계획대로 되었다. 이렇게 그 강의는 와일즈와 카츠 공동 연구의 자리가 되어 와일즈는 정기적인 연구 발표와 검토의 장을 마음껏 누릴 수 있었다.

그리고 몇 개월이 더 흐르고 강의에서 예정되어 있던 모든 설명이 끝났을 즈음, 카츠는 와일즈에게 모든 것이 완벽하게 잘 되고 있다고 신호를 보냈다. 페르마의 마지막 정리라는 열병에 말려들지 않은 제3자의, 그리고 신뢰할 가치가 있는 친구의 선언은 와일즈의 불안감을 날려 버리기에 충분했다.

증명을 시작한 지 7년의 세월이 지났을 무렵 드디어 증명되지 않은 타원방정식의 종류는 단 하나만 남게 되었다. 나머지 하나, 이 타원방정식의 경우만 증명할 수 있다면 모든 타원방정식에 대해 증명할 수 있게 되는 것이다. 물론 그것은 페르마의 마지막 정리의 증명을 의미한다.

그러나 마지막에 남은 타원방정식, 악마의 마지막 요새는 난공불락이었다. 당초 순조롭게 악마의 요새들을 차례차례 공략해 왔던 와일즈는 마지막 요새도 어느 정도만 노력하면 금세 공략할 수 있을 거라고 낙관적으로 생각하고 있었다. 하지만 뜻대로 되지 않았다. 이 마지막 요새만큼은 왠지 성과가 전혀 오르지 않았던 것이다. 아니 그러기는커녕 공략하기 위한 실마리조차 찾을 수 없는 상태였다.

와일즈는 초조해졌다. 페르마의 마지막 정리의 증명이 이제 눈앞이다. 그런데도 갑자기 증명은 막다른 곳을 보여주었다. 이것은 어쩌면 '풀 수 있을 것처럼 유혹하다가 마지막에 가서는 역시 풀 수 없게 하는' 최악의 패턴이 되는 것은 아닐까, 와일즈는 머리가 핑 돌 지경이었다.

그러던 중 와일즈는 가끔 들여다보던 논문에서 힌트를 얻는다. 그것은 마주르의 논문이었다. 리벳(프라이의 타원방정식이 페르마의 마지막 정리로 이어져 있다는 것을 증명한 수학자)에게 조언을 해 줬던 마주르가 여기서도 페르마의 마지막 정리에 관해 중요한 아이디어를 준 것이다.

마주르의 논문에 쓰여 있던 것은 19세기 어느 수학자의 테크닉으로 '이데알론'이라고 불리는 수학이론을 확장한 것이었다. 와일즈는 기쁨의 탄성을 질렀다. 이 이론을 사용하면 마지막 타원방정식을 공략할 수 있다는 것을 알았던 것이다.

원래 와일즈가 증명에 고심하고 있던 마지막 요새는 '소수 3에 기초한 타원방정식'이라고 불리는 종류의 방정식이었는데 이것에 마주르의 논문에 쓰인 이데알론을 이용하면 '소수 5에 기초한 타원방정식'의 종류로 스위치를 바꾸는 것이 가능해진다. 이 교체가 와일즈의 증명을 완성하는 마지막 결정타가 되었다. 왜냐하면 '소수 5에 기초한 타원방정식'은 이미 와일즈에 의해 증명이 마쳐진 것이었기 때문이다!

증명의 결정타가 된 이데알론의 '이데알'이란, '이상'이라는 의미이다. 그렇다, 이데알론은 쿠머의 이상수를 확장해 생긴 이론이다. 그리고 그것이 페르마의 마지막 정리를 풀기 위한 마지막 열쇠가 되었던 것이다.

'오일러 → 소피 → 라메, 코시 → 쿠머'로 바통을 이어 온 페르마의 마지막 정리의 도전자들의 계보. 쿠머에서 한 번 단절되기도 했지만 쿠머는 거기서 '이상수'라는 열쇠를 남겼다. 그리고 쿠머 이후의 수학자들은 그 열쇠를 이어받아 긴 시간을 들여 수학을 갈고닦아왔던 것이다.

그 열쇠가 지금 와일즈의 손안에 있다. 모든 것이 연결되어 있었다. 쿠머와 그들의 투쟁은 결코 하찮은 것이 아니었다. 그들이 투쟁에서 남긴 성과는 페르마의 마지막 정리를 풀기 위한 히든카드였던 것이다.

와일즈는 조심조심 그 열쇠를 마지막 타원방정식에 대입해 보았다. 찰칵 하는 소리가 들리고 350년 동안 굳게 닫혀만 있던 문이 묵직한 소리와 함께 열리기 시작했다.

와일즈는 감동으로 벅차올랐다. 7년이라는 시간을 들여 어린 시절에 맹세했던 꿈을, 수학자들 모두가 잡으려고 손을 뻗었던 꿈을 드디어 이루어낸 것이다.

페르마의 마지막 정리가 증명되었다!

세기의 발표

그는 수학자로서의 재능도 인생도 전부 다 그 문제에 걸었다.
그렇게 해서 태어난 하나의 증명. 7년이라는 시간의 결정체.
그는 청중들을 향해 그 전부를 꺼내놓았다.

페르마의 마지막 정리에 성공한 와일즈는 그 성과를 한 달 후의 강연회에서 발표해야겠다고 마음먹었다. 와일즈로서는 증명을 더 확인한 다음 발표하고 싶었지만 고향인 케임브리지에서 타원방정식 강연회가 개최된다는 이야기를 들었기 때문에 그것에 맞추려고 서두른 것이다.

또한 그 강연회는 뉴턴 연구소에서 시행할 예정이었다. 뉴턴 연구소는 뉴턴 탄생 350주년을 기념해 세워진 것이었다. 뉴턴은 페르마와 같은 시대의 사람이다. 그리고 350년이라는 숫자는 페르마의 마지막 정리라는 문제가 태어나고 지나온 시간과 거의 비슷했다.

모든 것이 완벽하게 들어맞았다. 마치 이때를 위해 모든 게 준비되어 있었던 것만 같았다.

와일즈는 페르마의 마지막 정리를 발표하는 데 이 강연회가 딱이라고 생각해 매우 분주하게 준비를 시작했다. 동시에 이 강연회가 시작될 때까지 가능한 한 많은 전문가들을 붙들고 자신의 증명의 중요한 부분을 체크해달라고 할 생각이었다. 그중에는 리벳이나 마주르도 있었다. 그들은 오랜 세월 수학계에서 모습을 감춰버렸던 와일즈의 갑작스런 방문에 놀랐다.

이러한 와일즈의 행동으로 수학계에는 소문이 퍼지기 시작한다. '아무래도 와일즈가 페르마의 마지막 정리를 증명한 것 같다'고. 몇몇 수학자들이 와일즈에게 진위를 물어왔지만 그는 '강연을 들어보면 알 수 있다'는 것뿐 어떤 대답도 해 주지 않았다. 와일즈의 부정도 긍정도 아닌 애매한 태도는 소문을 더욱 더 가속시켰다.

"페르마의 마지막 정리의 증명이 발표된 것 같지, 아마."
"설마, 그럴 리 없어."
"아냐, 정말로 그런 말이 퍼지고 있다니까."

분명한 정보를 갖고 있는 사람은 누구 하나 없었는데 어쨌든 소문의 공통된 점은 다음과 같은 것이었다.

'다음 케임브리지의 강연회에서 페르마의 마지막 정리에 관한 뭔가가 일어날 것이다.'

그리고 마침내 강연회 날이 다가왔다. 와일즈에게는 3회분의 강연회가 할당되었고 사흘에 나누어 하게 되었다.

첫째 날 강연회에서 와일즈는 타니야마-시무라 추론의 증명에 착수하기 위한 기초적인 부분에 대해 설명했다. 그때까지도 와일즈는 페르마의 마지막 정리의 증명이 가능하다고도 그렇지 않다고도 결코 말하지 않았다. 단지, 지금까지의 은둔 생활에서 쭉 늘려온 팽대한 연구 성과를 폭포수처럼 쏟아낼 뿐이었다.

설명은 매우 어렵고 복잡해서 많은 사람들이 이해하지 못했지만 그래도 강연의 방향이 타니야마-시무라 추론의 증명을 향하고 있다는 것만큼은 분명했다.

둘째 날이 되자 첫째 날보다도 더 많은 청중이 몰려들었다. 첫째 날의 참가자들한테서 이야기를 듣고 소문이 정말인지도 모른다고 퍼져나가며 흥미를 느낀 사람들이 모여들었던 것이다.

하지만 둘째 날도 와일즈는 결정적인 결론을 어필하는 것을 피했다. 그리고 청중들로부터 질문을 받지 않고 일찌감치 강연장을 떠났다.

그리고 1993년 6월 23일, 드디어 셋째 날의 마지막 강연이 시작되었다.

과연 와일즈는 정말로 타니야마-시무라 추론을, 페르마의 마지막 정리를 증명했을까. 아니면 어디까지나 극히 일부 특수한 경우에 대한 증명일 뿐 역시 페르마의 마지막 정리는 증명되지 못한 걸까. 그도 아니면, 와일즈가 꾸며낸 해프닝에 불과할까. 소문이 진실인지 밝혀질 차례였다.

소문이 또 소문을 낳아 사흘째의 강연회는 밖에서 서서 듣는 사람까지 생겨났다. 실제로 와일즈가 사람들을 가르고 지나가지 않으면 단상까지 도달하지 못할 정도였다. 그리고 마지막 강연이 시작되었다.

이 순간, 와일즈는 어떤 기분이었을까……. 7년이라는 시간은 길다. 그는 그만한 시간을 단 하나, 풀 수 없을지도 모르는 문제에 바쳐왔다. 수학자로서의 재능도 인생도 전부 그 문제에 걸었다. 그렇게 해서 태어난 하나의 증명. 7년이라는 시간의 결정체. 그는 청중들을 향해 그 전부를 꺼내놓았다.

와일즈의 증명은 지금까지는 없는 새로운 아이디어로 차고 넘쳐 하나하나가 어느 것을 놓고 보아도 칭찬할 만한 가치가 있는 훌륭한 내용들이었다. 그리고 그 모든 것이 아름다웠다. 틀림없이 현시점에서 최고의 수학이 거기에 있었다.

드디어 와일즈의 강연도 종반을 맞이해 그는 결론을 내놓았다. 바로 타니야마-시무라 추론의 증명이었다.

순간, 정숙함이 그 자리를 감쌌다. 누구도 입을 여는 사람이 없었다. 모두 진지한 표정으로 바뀌었다. 지금 있을 수 없는 일이, 절망적이고 불가능하다고 생각되어 왔던 일이 눈앞에서 일어나고 있는 것이다.

와일즈는 고요 속에서 칠판 위에 어떤 식을 하나 썼다. 페르마의 마지막 정리. 350여 년 전 페르마라는 이름을 가진 수학자가 남긴 메모였다. 그리고 뒤를 돌아보며 이렇게 말했다.

"여기서 끝내도록 하겠습니다."

그 말에 모두가 이성을 되찾고 박수갈채가 울려 퍼졌다.

바로 이 역사적인 순간에 보도 관계자들은 함께 하지 못했다. 그들은 와일즈의 소문을 듣고도 이 강연회에는 오지 않았다. 아니, 어쩌면 들어가고 싶어도 들어갈 수 없었는지도 모른다. 350년 동안 수학자들이 인생을 걸고 맞서왔던 이 페르마의 마지막 정리가 증명되는 기적의 순간. 거기에 입회할 수 있는 자는 수학자 외에는 결코 허락되지 않았을 것이다.

게다가 수학과는 상관없는 그들로서는 '뭔가 어려운 문제를 푸는 데 성공한 것 같다. 뭔지는 잘 모르겠지만 전설의 대단한 문제인 것만은 분명하다'는 상상 정도밖에 하지 못했을 것이다.

하지만 수학자들은 알고 있다. 페르마의 마지막 정리를 증명하는 것이 얼마나 힘들고 얼마나 두려운 일인가를. 그 문제는 단지 어렵기만 한 것이 아니었다. 그것은 사람의 마음에 파고들어 지금까지 수많은 수학자들의 인생을 쥐고 흔들어 왔던 악마 자체였던 것이다.

어쩌면 와일즈는 무엇 하나 성과도 얻지 못하고 어둠 속에 삼켜져 있었을지도 몰랐다. 애당초 이 정도의 재능이 있었다면 마지막 정리 같이 위험한 일에는 다가가지 않고 보통 수학자들처럼 다른 연구를 했다고 해도 틀림없이 제일선의 수학자로 좋은 평판은 항상 그의 곁을 떠나지 않았을 것이다.

그럼에도 주위의 평가 대신, 어쩌면 풀어내지 못할지도 모른다는 두려움도 모두 떨치고 해낸 것이다!

그것에 감동하지 않을 수학자가 있을까. 이것에 눈물을 흘리지 않을 수학자가 어디 있을까.

수학자들은 전원 기립해서 아낌없는 박수를 보냈다.

박수를 보내는 사람들 중에는 오일러도 소피도 라메도 코시도 쿠머도 함께 했을 것이 틀림없다. 아니 그들만이 아니다. 페르마의 마지막 정리에 관여했던 모든 수학자들, 페르마의 마지막 정리에 인생을 송두리째 먹혀 버렸던 사람들, 그들의 영혼도 이때만큼은 그 자리에 함께 있었을 것이 틀림없다!

강연장은 수학을 사랑하는 모든 자들의 갈채와 박수 소리에 둘러싸였다. 그리고 축복을 한 몸에 받은 와일즈는 수학자로서 행복의 절정에 있었다.

그러나…….

흥분에 휩싸인 강연장 한쪽에서 이 축복에 참여하지 않고 모멸적인 말을 토해내면서 강연장을 떠나는 자의 모습이 있었다. 그것은 바로 페르마의 마지막 정리라는 이름의 악마였다.

악마는 고통스러운 듯이 신음하면서도 이렇게 말했다.

"아직 끝나지 않았어."

불길한 말을 남기고 자취를 감춰버리는 악마……. 그리고 와일즈의 지옥 같은 나날은 시작된다.

와일즈의 고뇌

그것은 마치 방의 크기보다 더 커다란 카펫을 깔려고 하는 것과 같았습니다.
와일즈가 방 한구석에 카펫을 맞추면 다른 한구석이 남는 것입니다.

'페르마의 마지막 정리, 드디어 증명되다!'

뉴스는 순식간에 전 세계로 퍼져나갔다. 우선, 전자메일이 네
트워크의 세계를 날아다니며 이 역사적 쾌거가 수학을 지지하
는 자들의 곁으로 배달되었다. 이어서 신문이나 TV의 보도 관
계자들이 움직이기 시작했다. 모두 일제히 와일즈나 동료 수학
자들 곁으로 몰려들어 세기의 증명에 대한 정보를 얻어내려고
쉴 새 없이 질문을 쏟아냈다.

"타니야마-시무라 추론이란 한마디로 말해 어떤 것입니까?"

"그래서 결국 어떤 증명이었단 말입니까?"

기자들이 대답하기 곤란한 것들을 물어와도 대부분 수학자들은 이 소동을 즐기고 있었다. 그리고 다음 날에는 전 세계의 신문에 '페르마의 마지막 정리, 드디어 증명!'이라는 글자가 대문짝만 하게 실린다.

이제까지 페르마의 마지막 정리가 증명되었다는 뉴스는 수없이 돌아다녔고 그때마다 사실은 잘못되었다는 정정의 뉴스가 늘 따라왔지만 이번만큼은 의심할 여지가 거의 없었다. 그것은 리벳이나 마주르 등 일급 수학자들이 입을 모아 '와일즈의 증명은 올바르다' '와일즈의 증명에는 진실의 울림이 있다'는 등으로 긍정적인 소감을 말하고 있었기 때문이다.

그리고 와일즈의 인생은 하루아침에 바뀌었다. 지붕 밑 다락방에 틀어박혀 연구를 해왔던 수학자는 하룻밤 사이 세상에서 제일 유명한 수학자가 되었다. '갑자기 사람이 바뀐 것처럼 무능해졌다'는 혹평을 듣던 사람이 이제는 잡지의 표지를 장식하고 특집으로 실리고 TV의 인터뷰 요청이 쇄도하게 되었으니 말이다. 미국의 어느 유명 잡지는 올해 가장 주목받은 인물로 다이애나 황태자비와 같은 대열에 와일즈를 실을 정도였다.

그럼에도 수학계는 언제까지나 기뻐만 하고 있을 수는 없었다. 와일즈가 내놓은 증명의 심사를 해야만 했기 때문이다. 어떤 수학의 증명이 됐든 새로운 증명이 발견된 경우, 증명에 오류가 없다는 것을 보증하기 위해 그 분야의 전문가들을 심사위원으로 불러 철저히 확인해야만 한다. 당연히 와일즈의 증명도 예외는 아니었다.

와일즈는 케임브리지의 강연에서 '페르마의 마지막 정리를 이렇게 증명했습니다'라고 발표하였는데 그것은 어디까지나 증명의 개략에 지나지 않는다. 실제의 엄밀한 증명은 와일즈의 논문으로 제출되어 있었고 수학계는 그 논문을 심사하지 않으면 안 되었다.

논문은 무려 200페이지 이상에 달하는 대작으로 수학 논문으로는 유례없는 분량이었다. 거기다 그냥 두껍기만 한 것이 아니라 어느 페이지를 펼쳐도 와일즈가 새롭게 개발한 테크닉이나 새로운 발견의 정리로 가득했다. 가령, 그 분야의 전문가라고 해도 그것을 이해하는 것만도 몇 개월은 걸릴 것이었다.

이만한 논문의 심사는 두세 명의 심사위원으로는 부족하다는 판단 때문에 심사위원의 수를 여섯 명으로 늘려 이루어지게 되었다. 심사위원으로는 와일즈의 든든한 벗이며 대학에서 함께 증명을 체크했던 카츠도 선발되었다.

심사위원들이 할 일은, 와일즈의 증명을 한 줄씩 읽으며 틀림이 없다는 것을 확인해나가는 작업이었다. 그리고 잘 모르는 부분이나 의문점이 있다면 그때마다 와일즈에게 메일이나 팩스를 통해 질문하고 답신을 받아가면서 증명에 실수가 없는지 확인하는 것이다.

와일즈는 미디어에 둘러싸인 분주한 일상 속에서도 심사위원들로부터 "이 문장의 의미를 모르겠는데요." "왜 이런 결론에 도달한 거지요?" 같은 질문에 대해 대답해나갔다.

그러던 어느 날, 심사위원인 카츠는 사소한 의문에 부딪혔다. 당시 일 때문에 종종 파리에 가 있던 카츠는 그 의문점을 메일로 써서 와일즈에게 보냈다.

심사위원의 질문에 와일즈는 대개 그날 중이나 늦어도 다음날에는 답신을 하는 편이어서 이번에도 바로 답장을 보냈다. 평소라면 카츠는 그 답장을 읽고 '아아, 과연 그런 것이군' 하고 의문을 해소한 뒤 다음 작업으로 넘어갔을 것이다.

그런데 이때만큼은 평소와 달랐다. 와일즈의 답장은 카츠에게 전혀 대답이 되지 못했던 것이다.

잠깐만, 앤드루. 나는 아직 이해가 안 되네.

카츠의 질문에 이번에는 더 알기 쉽게 팩스로 문제의 논리적 관계를 그림으로 그려 보냈다. 하지만 여전히 카츠에게는 시원한 대답이 되지 못했다. 카츠는 점점 뭔가 이상하다고 느끼기 시작했다.

한편 와일즈는 매우 낙관적이었다. 와일즈는 지금까지 수도 없이 자신의 증명을 체크해왔고 그때마다 아무 문제도 발견되지 않았으므로 증명에 완전히 자신감을 갖고 있었다. 그러니까 만약 뭔가 문제가 있다고 해도 오탈자 수준의 오류이거나 설명 부족에 해당하는 사소한 문제밖에는 없을 것이라고 생각했다. 그리고 실제로 지금까지 그래왔었다. 심사위원들이 보내온 의문이나 지적들은 모두 사소한 것들뿐이었고 그때마다 와일즈는 메일과 팩스로 답변하며 차근차근 해결해왔던 것이다.

분명 이번에도 그럴 것이다. 지금은 약간 착오가 일어나고 있지만 몇 번 더 메일을 주고받으면 카츠도 '아, 그런 거였군' 하고 이해하고 이 문제도 해결될 것이다. 와일즈는 그렇게 못을 박았다.

하지만 이번만큼은 그렇게 되지 않았다. 와일즈가 몇 번이나 답장을 보내도 카츠는 고개를 젓는 것이었다. 비로소 와일즈도 이 문제를 심각하게 들여다보기 시작했다. 그리고 그것은 간단히 해결될 사소한 수준이 아니라 '치명적인 결함'이라는 것을 발견하고 만다!

와일즈는 눈앞이 깜깜해졌다. 그것도 그럴 것이 수많은 사람들 앞에서 '전설의 미해결 문제를 풀었습니다!'라고 발표했는데 그 증명이 사실은 잘못된 것이었음을 알게 된 것이다.

수학의 증명에 있어서 오류는 결코 허용되지 않는다. 오류가 하나라도 존재하면 일련의 논리는 맥없이 무너져 내리고 그 증명은 아무런 의미도 갖지 못한다.

카츠는 카츠대로 자기혐오에 빠져 있었다. 왜 자신이 그 문제를 훨씬 전에 지적해 주지 못했을까. 그는 이미 대학에서 와일즈의 강의를 통해 이 부분의 설명을 들었다. 그때 몇 가지 문제점이 발견되었는데 이번에 드러난 치명적인 결함도 그중의 하나였던 것이다. 그리고 그 문제는 와일즈와 함께 검토해서 해결했다. 하지만 그 해결 방법에 사실은 허점이 있었고 그것을 깨닫지 못한 채 결함이 쭉 남아 있었던 것이다.

그렇지만 이제와 아무리 후회해도 이미 늦었다. 이미 '페르마의 마지막 정리를 증명했다'고 온 세상에 발표해 버린 뒤 아닌가. 이제 와서 무슨 말을 해도 소용이 없다.

그 무렵의 와일즈는 전설의 미해결 문제를 풀어낸 영웅으로 받들어지고 있었고 사람들이 매일 그의 연구실에 몰려 들어 페르마의 마지막 정리의 증명에 대해 질문했다.

"선생님, 페르마의 마지막 정리를 증명한 것에 대해 다음에 특집을 실으려고 하니까 취재에 응해 주십시오."

당연히 와일즈는 마음이 내키지 않았다. 증명에 결함이 있고 사실은 성립되지 않았으니까. 하지만 그것을 모르는 세상 사람들은 변함없이 와일즈를 존경의 시선으로 바라본다. 신사복 회사의 사람들이 찾아와 꼭 광고에 나와 달라는 말까지 꺼내는 판이다. 이런 상황에서 이제 와서 "미안하게 됐습니다. 잘못되어 버렸습니다. 사실은 증명을 못했습니다"라고 어떻게 말할 수 있을까.

이제 와일즈는 서둘러 증명의 결함을 수정하는 수밖에 없었다. 그는 어떻게 해서든 아무도 알지 못하고 있는 지금 이 문제를 해결하려고 생각했다.

페르마의 마지막 정리에 도전했을 때처럼 외부와 차단하고 집중할 필요가 있다고 생각한 와일즈는 다시 공공장소에서 모습을 감추고 지붕 밑 다락방에 틀어박혀 일을 하기로 했다.

그러나 와일즈는 그 결함을 수정할 수 없었다. 와일즈의 동료인 사낙은 그때의 상황을 이렇게 말하고 있다.

'와일즈가 증명의 일부를 수정하면 반드시 다른 어딘가에서 문제가 발생했습니다. 그것은 마치 방의 크기보다 더 커다란 카펫을 깔려고 하는 것과 같았습니다. 와일즈가 방 한구석에 카펫을 맞추면 다른 한구석이 남는 것입니다.'

방대한 증명 안에 숨어 있듯이 잠재되어 있던 매우 사소하고 조그만 구멍. 하지만 그 작은 구멍 하나를 메우려고 하면 다른 부분에 구멍이 뚫리고, 새로운 구멍을 메우려 하면 또 다른 곳에 구멍이 뚫린다. 그것은 마치 악마 같은 결함이었다.

'어쩌면 처음부터 결코 크기가 맞지 않는 카펫을 방에 깔려고 한 것 같은, 말도 안 되는 짓을 하고 있는 것은 아닐까?'

그런 상상이 요동칠 때마다 가슴이 죄어오는 것처럼 괴로워진다. 애당초 수학은 결코 만능의 것은 아니다. 그러니까 그 결함을 수정할 수 있다는 보장은 어디에도 없고 어쩌면 그 결함은 애초부터 수정할 수 없는 것이었을 가능성도 충분히 있다.

그렇다고 해서 여기까지 왔는데 포기할 수는 없다. 불가능하든 어떻든 이미 와일즈는 이 결함을 수정하는 방법 외에 다른 방도는 없는 것이다.

그러니까 멈추지 않는다. 계속 앞으로 나아간다. 그 길의 끝이 설사 절망이라는 이름의 낭떠러지라고 해도 '결함의 수정'이라는 실오라기 같은 희망을 찾아서 오로지 걷고 또 걷는 수밖에 없었다.

하지만 그것은 지옥의 시작에 지나지 않았다.

현재 그 결함의 존재는 카츠나 다른 심사위원 등 한정된 사람들밖에 알지 못한다. 원래 심사위원들에게는 비밀을 지킬 의무가 있어 심사 과정에서 어떤 문제가 발견되어도 결코 입 밖에 내지 않는다는 약속이 있었다. 그랬기 때문에 와일즈는 조용히 결함의 수정에 몰입할 수 있었다.

그러나 언제까지 숨어 다닐 수만은 없다. 와일즈가 증명의 수정에 손을 대고 있는 동안에도 잔혹하게 시간은 흘러간다. 수정이 완료되지 못하고 언제까지나 심사 결과가 발표되지 않으면 당연히 의심하는 사람들도 나올 것이다.

증명을 발표한 지 6개월의 시간이 지나려고 할 무렵 드디어 우려하던 사태가 현실이 되었다. 점점 와일즈에 대한 의심의 소문이 떠돌아다니기 시작했다.

'혹시 와일즈의 증명에 치명적인 결함이 발견된 것은 아닐까? 그러니 아직도 심사 결과가 발표되지 않고 있지.'

소문의 계기는 아주 사소한 회의의 목소리에 지나지 않는 것인지도 모른다. 하지만 운 나쁘게도 와일즈의 시대는 인터넷의 시대였다. 따라서 이런 소문은 들판의 불처럼 순식간에 전 세계로 번져갔다.

"역시나 증명에 결함이 있었던 게야."

"아니지. 분명 문제는 있었을지도 몰라. 하지만 치명적인 결함이라고는 할 수 없겠지. 이미 해결할 수 있는 사소한 문제일 수도 있어."

"과연 그럴까. 분명 치명적인 결함이야. 그게 아니면 이렇게 오래 끌 리 없어."

"내가 들은 정보로는 사실은 이런 결함 같더라고."

물론 심사위원 외에 아무도 와일즈가 쓴 200쪽 이상에 걸친 논문의 증명을 직접 읽어보지 않았으니 모든 것은 억측에 지나지 않았지만 와일즈는 증명의 대략적인 개략을 케임브리지의 강연에서 설명했기 때문에 세간이 어떤 결함인지를 추론해 씹어댈 만한 여지는 충분히 있었다. 그리고 그중에는 이런 말을 하는 사람들도 나왔다.

　"만약, 증명에 결함이 발견되었다면 와일즈는 솔직히 자신의 과오를 인정하고 그 증명을 세상에 공표해야 마땅해. 그러면 결함을 수정할 아이디어가 떠오를지도 모르잖아."

　그 말은 맞았다. 실제로 리벳이 막다른 곳에 막혀 어찌할 바를 모르던 문제를 마주르의 한마디가 계기가 되어 깔끔하게 풀 수 있었던 선례가 분명 존재한다. 와일즈가 리벳과 똑같은 것을 놓치고 있을 수도 있다. 그리고 그런 비판의 목소리는 시간이 갈수록 점점 커져갔다.

　'와일즈는 자신의 허영심과 자기만족을 위해서 증명을 숨기고 있다. 설사 그 증명이 실수였다고 해도 어떤 증명인지를 공표하는 것은 수학이라는 학문에 있어서 매우 유익할 터이다. 또한 다른 누군가가 그 증명의 결함을 다시 고칠 수 있다면 그것은 매우 기뻐해야 할 일 아닌가. 와일즈도 수학자의 한 사람으로서 인류 공통의 재산인 수학의 발전을 생각한다면 개인의 업적에만 집착

할 필요 같은 건 없지 않은가.'

그것은 정론이었다. 만약 그런 논리로 와일즈를 밀어붙인다면 그로서도 조리 있는 반론은 못했을 것이다. 하지만 아무리 논리상으로는 올바르다고 해도 인정상 그런 잔인한 일을 과연 할 수 있을까.

그는 7년간 수학계의 화려한 무대에서 자취를 감추고 자신의 수학자 인생을 걸고 이 문제에 도전해왔던 것이다. 그런데 마지막 시점에 다른 누군가에게 해결을 맡긴다면……. 그건 얼마나 애석한 일인가. 그런 잔혹한 일이 어떻게 가능할까. 여기까지 온 이상 뭐니 뭐니 해도 와일즈에게 증명을 완성하게 하면 좋겠다. 그렇게 했으면 좋겠다.

그런 마음은 와일즈의 증명을 담당한 심사위원들도 마찬가지였다. 같은 수학자이자 감정을 가진 인간으로서 어떻게든 와일즈가 증명을 완성했으면 했다. 적어도 와일즈가 스스로 어떤 결론을 내기 전까지는 조용히 지켜봐야 할 것이라고 생각했다.

그러나 세상은 용서가 없다. 절대 용납하지 않는다. 와일즈가 페르마의 마지막 정리에 관해 침묵으로 일관하고 증명을 공표하지 않는다면 당연히 다음 표적은 심사위원들이다. 그들은 와일즈의 논문을 갖고 있고 그 내용을 숙지하고 있는 것이다.

그러니 페르마의 마지막 정리를 증명한 사람으로 이름을 남기고 싶은 수학자들, 단지 떠들기 좋아할 뿐인 구경꾼들, 그리고 수학계 제일의 스캔들한 뉴스의 진상을 밝히려는 매스컴들이 모두 합세해서 심사위원들이 있는 곳으로 밀어닥쳤다.

"와일즈의 증명에 치명적인 결함이 있다는 소문은 사실입니까?"
"그 결함이 수정될 가능성은요?"
"수학계를 위해 와일즈의 증명을 세상에 공표해야 하는 거 아닙니까?"

이런 상황에 와일즈는 더 이상 뒤에 숨어 있을 수만은 없다는 것을 깨달았다. 이대로 내버려두면 심사위원들에게도 폐를 끼치게 된다. 그는 수학자들이 모이는 네트워크의 전자게시판에 자신의 근황을 알리기로 했다.

타니야마-시무라 추론과 페르마의 마지막 정리에 관한 나의 연구에 대해 여러 가지 억측이 있는 것 같으므로 현재의 상황과 전망에 대해 간단한 보고를 하겠습니다. 심사과정에서 몇 가지 문제점이 발견되었고 그 대부분은 해결되었으나 단 하나를 아직 해결하지 못하고 있습니다. 그러나 이 문제도 내가 케임브리지에서의 강연에서 말한 아이디어를 사용하여 가까운 시일 안에 해결이 가능할 것이라고 믿고 있습니다. 이 논문의 원고에 대해서는 아직 해야 할 일이 많이 남아 있으므로

공개할 단계에는 이르지 못했습니다. 2월 시작되는 프린스턴 대학의
강의에서 완전한 증명을 해드릴 예정입니다.

1993년 12월 4일 앤드루 와일즈

그 글은 '문제는 있으나 가까운 시일 안에 해결할 수 있다'는 희
망을 담은 내용으로도 읽을 수 있지만 요컨대 '증명에 문제가 있
으므로 공개할 수 없다'는, 와일즈로부터의 공식적인 표명이다.

다시 네트워크에서의 수많은 사람들이 "그것 봤어?" "혹시나
했더니 역시나." 등등 큰 소동이 일었다.

와일즈는 '2월의 강의에서 완전한 증명을 설명하겠다'고 약속
했지만 결국 그 약속은 지켜지지 못했다. 이것은 세상 사람들에
게 '역시 와일즈의 결함은 치명적이며 수정이 곤란할 것이다'라
는 확신을 더 깊게 했다. 그리고 모두들 와일즈는 단지 시간을
벌어서 도망치고 있는 것은 아닐까 하고 의심하게 되었다.

'어쩌면 그는 증명했다고 발표해서 세상을 떠들썩하게 해 놓고
이대로 증명을 계속 숨길 생각은 아닐까. 그런 비겁한 짓을 용서
받을 줄 아는가!'

결국 세간의 입김은 점점 강해져 가고 이미 한순간의 유예도
허락되지 않는 상황에 쫓기게 된 와일즈는 주변의 권유에 전 제
자이자 심사위원의 한 사람인 테일러를 불러들여 함께 이 결함

의 수정에 돌입한다. 물론 와일즈로서는 누구의 지혜도 빌리고 싶지 않았을 것이다. 7년간이나 매달려 온 이 문제만큼은 뭐라 해도 자신의 힘으로 풀고 싶었을 것이 분명하다. 하지만 그런 말을 하고 있을 상황은 아니었다.

와일즈가 자존심을 버리면서까지 협력자인 테일러를 불러들였지만 이 문제는 전혀 해결 조짐이 보이지 않았던 것이다. 결국 그들은 한 달만 더 노력해 보고 아무런 가망도 없다면 포기하고 이 결함이 있는 증명을 세계에 공표하자고 의견을 모으게 되었다.

물론 1년이나 걸려서 해결하지 못한 문제가 앞으로 한 달 만에 갑자기 진전되리라고는 둘 다 생각하지 않았다. 원래 테일러는 서바티컬이라고 불리는 대학 특유의 장기휴가를 이용해 와일즈의 곁으로 달려와 주었고 한 달 후에는 케임브리지로 돌아갈 예정이었다. 그러니 '이제 딱 한 달만 더 최선을 다해 보자'는 것은 뭔가 전망이 보이는 게 아니라 마침 날짜가 맞아떨어졌다는 것에 불과하다.

이미 마음이 꺾인 와일즈가 한 달 만에 성과를 낼 리도 없었다.

아무 진전도 보지 못한 채 시간은 흘러갔다. 결국 테일러는 휴가를 마치고 케임브리지로 돌아갔다. 이렇게 해서 와일즈의 8년에 걸친 페르마의 마지막 정리에 대한 도전은 끝이 나는 듯했다. 이제 와일즈에게 남겨진 길은 처참한 패배를 인정하고 세간에 자신이 실패한 증명을 공표하는 일뿐이었다.

어떻게 이런 상황이 되어 버린 걸까. 와일즈는 페르마의 마지막 정리의 증명에 쏟은 첫 7년 동안을 단 한 번도 고통으로 느낀 적이 없었다. 오히려 즐거웠다고까지 말할 수 있다. 설령 증명이 절망적이라고 하는 곤란한 문제에 부딪쳤어도 그 문제에 도전할 수 있다는 사실만으로도 충분히 행복했다.

하지만 그다음 1년은 달랐다. 즐거웠던 문제는 돌변해 고통과 광기의 문제가 되었다. 남의 눈을 의식하고 빨리 결함을 수정해야 한다는 마음에 쫓기는 악몽 같은 나날들. 그것은 마치 호기심 어린 눈으로 바라보는 대중들의 날카로운 시선 속에서 빨리 퍼즐을 맞추라고 재촉당하는 것 같은 느낌이었다.

'이봐 이봐, 빨리 완성품을 내놓으란 말이야.'

'뭐? 풀지 못한다구? 왜?'

'무리하지 말고 못한다고 말해, 얼른 잘못된 증명을 공표하는 게 어때?'

도대체, 어디서 톱니바퀴가 어긋나 버린 걸까…….

누구도 풀어낸 적 없는 세상에서 제일 어려운 퍼즐. 7년 동안 묵묵히 그 퍼즐에 손을 대어 드디어 완성했다고 기뻐하며 많은 사람들 앞에서 발표한 직후 갑자기 퍼즐 한 조각이 없음을 발견한다. 그리고 그 단 하나의 조각의 구멍을 메우려고 1년을 더 악전고투하며 온갖 수단을 시도해 보았다. 조각을 바꿔 끼워보기도 하고, 새로운 조각을 찾아보기도 했다. 하지만 그 빠진 조각을 메울 것은 결코 없었다.

와일즈는 단 한 조각 분량의 작은 구멍이 뚫린 직소퍼즐 앞에 멍하니 손 놓고 있을 수밖에 없었다.

이 퍼즐은 처음부터 맞출 수 없는 것이었을까? 아니, 항상 이 퍼즐은 그랬다. 풀 수 있을 것 같으면서 풀지 못한다. 지금까지 몇 번이나 '풀었다'고 세상을 놀라게 했지만 나중에 반드시 절대로 해결 못하는 작은 구멍이 발견되어 그 모든 것을 무효로 만들어왔다.

와일즈도 예외는 아니었다. 풀었다고 생각했는데 역시 조그만 구멍 하나가 발견되고 와일즈의 증명을, 그의 8년간의 인생을 쓸데없는 것으로 만들어 버렸다. 역시 이런 악마의 숨결이 서린 퍼즐에는 손을 대서는 안 되었던 것인가.

그래도 와일즈는 조금이나마 남은 기력을 쥐어짜내 마지막으로 한 번 더 증명의 문제점을 정리하는 작업을 시작했다. 그것은 다소나마 위안이 되었다. 그는 자신이 왜 실패했는지 원인만이라도 깊이 이해하려고 했다. 그것은 8년 동안을 매듭짓는 마지막으로서 적합한 일이었다.

그때 와일즈는 그 구멍을 메우려고는 생각지 않았다. 왜냐하면

승패는 이미 정해져 있었으니까. 1년 동안 결함을 수정하려고 필사적으로 노력해왔던 와일즈였지만, 지금은 해결하려고 욕심내는 것 없이 그냥 순수한 마음으로 결함과 마주했다.

그러자 이상한 일이 일어났다. 지금까지는 보이지 않던 결함의 핵심이 되는 부분이 서서히 떠올랐던 것이다. 결코 짜 맞춰지지 않던 직소퍼즐. 메워지지 않던 하나의 퍼즐 조각. 그런데 지금 그 결함의 윤곽이 선명하게 모습을 드러냈다. 그리고 갑자기 와일즈의 머릿속에 번뜩이는 번개가 스쳐 갔다.

이와자와 이론

그는 설마 하고 생각했다. 그럴 리 없었다. 이와자와 이론은 이미 꽤 예전에 사용하지 못하는 것으로 버려졌던 것이기 때문이다. 와일즈의 증명에 뻥 뚫렸던 구멍. 그것은 콜리바긴-플라흐의 방법에 뚫린 구멍이었다. 콜리바긴-플라흐의 방법에는 불충분한 점이 있고 그것을 수정하지 못하는 한 결코 이 구멍은 메워지지 않았다.

또한 이와자와 이론도 불충분했다. 이와자와 이론을 적용하려고 하면 아무래도 해결되지 않는 문제가 있었고 결국 와일즈는 그것을 내던져 버렸다. 그런데 그것은 콜리바긴-플라흐의 방법과 꼭 짜 맞춰야 하는 기법이었던 것이다. 콜리바긴-플라흐의 방법의 구멍을 메워야 할 조각이었던 것이다.

그는 일단 한 번 버린 이와자와 이론이라는 이름의 조각을 다시 손에 쥐고 조심조심 그 구멍에 갖다 대보았다. '딸깍'. 들어맞았다. 그것도 완벽하게!

믿을 수 없었다. 기적이 일어났다. 그것은 틀림없었다. 지금 그의 눈앞에는 세상에서 제일 어려운 퍼즐, 페르마의 마지막 정리의 증명이 놓여 있다.

당시 그는 20분 동안 그냥 멍하니 앉아 있었다고 한다.

믿어지지 않는 것도 무리는 아니었다. 이와자와 이론은 와일즈가 대학에 들어가 학위논문으로 손을 대었던, 자신의 수학의 원점이라고도 해야 할 이론이었던 것이다. 그것이 증명을 완성하는 마지막 조각이었다니……. 세계 최대 난문의 문을 여는 진짜 열쇠는 과거도 미래도 전 세계 어디도 아닌, 그의 책상 서랍에 얌전히 들어 있었던 것이다.

'이건 너무나 완벽해. 분명 꿈을 꾸고 있는 걸 거야.'

그는 정말 그렇게 생각했다. 그래서 자나 깨나 꿈꿔왔던 완전한 증명이 발견되었는데도 하루 가까이 그 사실을 누구에게도 말하지 않았다. 그는 꿈속을 걷듯이 야외를 멍하니 돌아다녔다. 그리고 때때로 걱정이 되어 황급히 책상으로 돌아와 올바른 증명이 그대로 있는지 확인하고 안도하기를 몇 번이고 반복했다.

밤이 되어 집으로 돌아오고서도 차마 잠들기가 두려웠다. 만약 잠에서 깼을 때 전부 다 꿈이었고 증명은 예전과 똑같은 상태라면……. 혹은 그 증명이 완전하다고 생각한 것은 자신의 소망이 만들어낸 망상이어서 다음 날 아침 한 번 더 냉정하게 들여다보았더니 전혀 완전하지 않다면.

하지만 다음 날에도 완전한 증명은 책상 위에 놓여 있었다. 그는 다시 한 번 그 증명을 확인해 보았는데 역시 꿈이 아니었다. 낮이 되어 겨우 꿈이 아니고 현실이라는 것을 확신한 와일즈는 온몸에서 힘이 다 빠져나가는 것을 느꼈다. 그는 마지막의 마지막에 드디어 완전한 증명을 손에 넣었던 것이다! 그리고 실감이 나기 시작하자 기쁨이 파도처럼 밀려왔다. 아아, 이 기쁨을 가장 먼저 누구에게 알릴까.

자신을 도우러 달려와 주었던 테일러에게? 아니면 절친 카츠에게? 아니 그것도 아니면 네트워크에서 소문을 퍼뜨리던 세상 사람들에게?

아니, 그가 처음으로 알려야 할 상대는 따로 있었다. 그는 페르마의 마지막 정리의 증명에 돌입한 지 7년째에 카츠에게 그 사실을 밝혔지만 처음부터 모든 것을 밝혔던 특별한 사람이 있었다. 와일즈는 누구보다도 그 사람에게 이 기쁨을 알려야겠다고 생각했다.

그는 그 사람과 약속했었다. "생일선물로 페르마의 마지막 정리의 증명을 받고 싶다"는 말에 그렇게 하겠노라고. 그 약속을 지금까지 지키지 못했지만 이제 드디어 지킬 수 있게 된 것이다.

와일즈는 지붕 밑 다락방의 계단을 내려가 약 1년 만에 해맑고 자랑스러운 얼굴로 8년 동안 쭉 자신을 지지해 주었던 아내 나다를 향해 말했다.

"해냈어."

와일즈는 페르마의 마지막 정리 증명에 손을 대기 시작한 직후에 그녀와 결혼했다. 그리고 신혼여행에서 페르마의 마지막 정리를 증명하는 것이 자신의 어린 시절부터의 꿈임을 그녀에게 이야기했던 것이다. 그녀는 수학자가 아니기 때문에 그의 꿈이 어떤 것인지 잘 알지 못했음에도 8년간 쭉 지붕 밑 다락방에 틀어박혀 연구에 몰두하는 그를 다정하게 지켜보며 지지해왔다.

그런 그녀에게 드디어 약속한 선물을 건네줄 수 있게 되었다고 기뻐하는 와일즈. 하지만 잘 생각해 보면 수학에 흥미가 없는 그녀가 수학의 증명 따위를 갖고 싶어 했을까. 그녀가 진심으로 페르마의 마지막 정리의 증명을 갖고 싶었다고는 도저히 생각되지 않는다.

그렇지만 그녀는 이 날 틀림없이 와일즈한테서 최고의 선물을 받은 것이다. 그녀가 정말로 갖고 싶었던 것. 그것은 증명을 해내고 천진난만하게 웃는 그의 얼굴이었을 테니까.

끝없는 탐구심

이제까지 칼럼을 통해 n차방정식의 해의 공식에 관한 이야기를 살펴보았다.

먼저 3차방정식의 해의 공식을 발견한 노력가 타르탈리아. 그리고 그 성과를 보기 좋게 빼앗은 카르다노. 그의 제자이자 4차방정식의 해의 공식을 발견한 페라리.

5차 이상의 방정식에는 해의 공식이 없다는 것을 증명했지만 코시에 의해 논문을 분실하고 실의에 빠진 채 젊은 나이에 생을 마감해야 했던 아벨. 또 그와 마찬가지로 논문을 분실하고 마지막에는 결투로 젊은 목숨을 잃은 갈루아.

n차방정식의 해의 공식을 구하는 이야기에는 이러한 드라마가 있었다. 이 칼럼의 마무리로 이야기할 수 있는 것은 2가지다. 하나는, 수학 공식은 얼핏 보면 무기적이며 아무런 인간성도 없는 것처럼 보이지만 사실 거기에는 우리와 똑같은 피가 통하는 수학자들의 격한 인생 드라마가 있다는 점이다. 그리고 다른 하나는 더 앞을 알고 싶다는 인간의 정열은 멈추지 않는다는 점이다.

인간은 2차방정식의 해의 공식을 알고 있다면 반드시 3차방정식, 4

차방정식의 해의 공식이 어떤 것인지 알고 싶어진다. 이번 칼럼에서 5차 이상의 방정식에는 해의 공식이 없다는 것을 설명했지만 만약 5차 방정식에 해의 공식이 있다면 틀림없이 인간은 6차방정식의 해의 공식을 발견하려고 고뇌했을 것이다. 그리고 결국에는 n차방정식의 해의 공식 – n이 어떤 숫자이든 간에, 한 방에 해를 이끌어낼 수 있는 궁극의 공식 – 을 발견하고자 했을 것이다.

'전부 가능했다' 혹은 '절대 못한다'고 수학적으로 증명되어 완전히 매듭이 지어지지 않는 한 수학자들은 끊임없이 연구를 계속할 것이다. 그리고 때로는 그것을 위해 인생 전부를 바치기도 하는 것이다.

물론 이것은 과거 수학자들만의 이야기는 아니며 수학이라는 학문에만 한정된 이야기도 아니다. 지금도 대학 연구실에 가보면 많은 학생들이 '그다음의 경우는 어떻게 될까?'를 밤낮없이 쫓고 있으며, 동시에 경쟁심이나 명예욕 같은 인간다운 감정과 함께 다양한 드라마를 만들어내고 있을 것이다. 지금까지 소개한 수학자들의 뜨거운 탐구의 영혼은 부모님으로부터 자녀로 상상력이 이어져 맥을 이어가고 있는 것이다.

우리가 학교에서 배웠던 수학 공식. 숫자와 기호의 나열에 불과한, 시험에서 문제를 풀기 위해서만 암기했던 공식들. 하지만, 거기에는 수학자들의 정열과 인생을 건 투쟁의 드라마가 있었다는 것을 잊어서는 안 된다.

에필로그

그 후, 와일즈는 2주일에 걸쳐 증명의 결함을 보충한 새로운 논문을 완성했다. 비록 결함의 수정은 테일러가 귀국한 다음의 일이었지만, 와일즈는 처음에 정한 대로 이 새로운 논문을 테일러와의 공동 저작으로 했다.

그리고 1995년 2월 13일, 와일즈의 새로운 논문은 엄정한 심사 결과 '틀림없이 올바르다'는 것이 확인되었다. 이날 페르마의 마지막 정리가 와일즈에 의해 증명되었다는 것이 공식적인 역사로 새겨진 것이다.

그리고 2년 후 와일즈는 볼프스켈상을 수상한다. 원래 상에는 '증명이 인정되고 나서 2년 이상의 시간이 흐르고 그래도 부족한 점이 발견되지 않을 것'이라는 규정이 있었기 때문에 증명의 정식 인정보다 2년이 지난 뒤 상을 받은 것이다.

이제 20억쯤은 그리 커 보이지도 않는 부호의 유산은 세계 대전 후의 인플레이션에 의해 완전히 가치가 떨어져 약 5만 달러(한화 약 7,000만 원) 정도가 되었다. 그러나 금액의 많고 적음을 떠나 볼프스켈상을 수상한 것은 페르마의 마지막 정리에 도전하는 자들에게 최고의 영예이며 어떤 수학상보다도 가치 있는 것이었다.

수상식은 괴팅겐 대학의 대강당에서 500명의 수학자들이 지켜보는 가운데 엄숙하게 거행되었다. 그것은 350년이 넘는 시간 동안 수학자들을 고뇌하게 했고 많은 사람들을 어둠 속으로 처박았던 페르마의 마지막 정리가 완전히 끝났음을 고한 순간이었다. 이렇게 해서 페르마의 마지막 정리에 관한 수학자들의 길고 긴 투쟁의 이야기가 막을 내렸다.

그런데 정확히 말하면 와일즈는 타니야마-시무라 추론의 전부를 증명한 것은 아니었다. 그는 사실 타니야마-시무라 추론의 일부분을 증명한 것뿐이다. 페르마의 마지막 정리를 증명하기 위해서는 타니야마-시무라 추론의 전부를 증명할 필요는 없고 어느 일부분을 증명하는 것만으로 충분하다. 와일즈는 그 부분의 증명에 성공한 것이다.

조금 더 자세히 말하면 페르마의 마지막 정리를 증명하기 위한 발단이 된 프라이의 타원방정식은 '반 안정된 타원방정식'이라고 불리는 것이다. 와일즈는 그 특수한 타원방정식이 모듈러 형식과 대응하고 있다는 것을 증명했다. 그러니까 와일즈는 반 안정된 타원방정식에 대해 증명한 것이며 엄밀한 의미에서 '모든 타원방정식'에 대해 증명한 것은 아니다.

그렇다고 해도 타니야마-시무라 추론의 증명은 그때까지 아무도 성과를 내지 못하고 있었다. 때문에 설령 그 일부분이라고는 하더라도 증명에 성공한 와일즈의 공적은 매우 큰 것이었다. 그뿐만이 아니다. 와일즈의 증명은 전 세계의 수학자들에게 타니야마-시무라 추론에 대해 어떻게 마주하면 좋을지 중요한 지침을 던졌으며 이 문제의 돌파구가 되었던 것이다.

와일즈가 개발한 수많은 증명의 테크닉은 그의 제자인 테일러에 의해 더 확장될 수 있었다. 그리고 그 테크닉을 토대로 많은 수학자들의 노력으로 드디어 타니야마-시무라 추론의 완전한 증명이 가능해졌다. 역사상 수많은 수학자들의 성과 덕분에 와일즈가 큰일을 해냈듯이, 와일즈의 성과 또한 다음 세대의 수학자들에게 계승되어 미해결 문제를 푸는 열쇠가 되었다.

이렇게 해서 '타니야마-시무라 추론'은 '타니야마-시무라 정리'로 이름이 변경되었다(타니야마-시무라 추론은 1999년 와일즈의 제자인 테일러와 그의 동료들이 증명해 현재 모듈러성 정리로 부른다-편집자 주).

그것은 새로운 수학의 시작이었다. '만약 타니야마-시무라 추론이 올바르다면'이라는 말로 시작되는 수백 가지의 논문은 전부 유효하게 되어 랭글랜즈 철학이 나타내고 있는 대로 수학은 이 정리를 초석으로 더욱 새로운 수학의 세계를 창조해 나갈 것이다.

그러나…….

'페르마의 마지막 정리를 증명했다'는 화려한 수학자들의 승리는 곧 넘쳐나는 뉴스의 하나로 사람들의 기억에서 희미해졌다. 지금은 페르마의 마지막 정리라는 말을 들어도 무엇인지 모르는 사람들이 더 많을 것이다.

그런 사람들에게 "페르마의 마지막 정리란 이런 것입니다"하고 설명한다고 해도 "흠, 하지만 그런 걸 증명할 수 있다고 해서 도대체 무엇에 도움이 된단 말이죠? 그 방정식에 해당하는 자연수가 없다는 것을 알았다고 해서 뭔가 생활에 도움이 될 것도 없잖아요? 얼마나 어려운 문제인지 모르겠지만 350년이나 걸려 푼 것은 결국 아무짝에도 쓸모없는 하찮은 문제잖아요? 그런 것을 풀었다고 시끄럽게 떠들다니……. 그러니 학자라는 자들은 참 바보 같아"이렇게 취급하는 사람도 있을지 모른다.

하지만 사물의 본질은 거기에 있지 않다. 정말 중요한 것은 '인간은 그런 아무 도움도 안 될 것 같은 문제나 미로에 짧은 인생 전부를 걸 수 있다'는 사실이다.

이 세계에는 지적이고 재미있는 문제가 존재하고 그것에 인생을 걸 수 있는 사람들이 있음을 우리는 더 자랑해도 좋다. 그리고 그 문제들에 반해서 인생을 빼앗긴 사람들도 포함해 모든 지적 탐구자들에게 경의를 표해야 마땅하다.

수천 년 동안 인류가 배양해 온 학문이라는 세계는 불가능하다고 생각되는 절망적인 문제에 맞서려는 인간의 정열 위에 성립되어 있다는 것을 결코 잊어서는 안 된다. 또한 인류가 멸망할 때까지 결코 풀릴 일은 없을 것이라던 난문에 대해 인생을 아까워하지 않고 과감하게 맞서 나갔던 사람들의 긍지도 잊어서는 안 된다.

$$x^n + y^n = z^n$$

이렇듯 사소해 보이는 것들에 인생을 건 자들이 있었던 사실을 아무쪼록 잊지 말기 바란다. 그리고 이 이야기는 결코 끝나지 않았다. 수학의 세계에는 아직까지 증명되지 않은 미해결 문제가 여전히 널려 있기 때문이다.

• 리만 가설
• 호지 추측
• 버치와 스위너톤-다이어 추론

- 골드바흐 추론
- $P \neq NP$ 문제

이들 미해결 문제를 풀려고 인생을 건 사람들이 지금 이 순간에도 존재한다. 그리고 미해결 문제는 수학에만 있는 것이 아니다. 과학이나 철학 그리고 모든 분야의 곳곳에 미해결 문제가 잠들어 있다. 어쩌면 인간의 역사가 계속되는 한, 이 미해결 문제라는 이름의 악마는 결코 사라지지 않을 것이다.

악마는 어디에나 있다. 그것은 분명 당신이 손에 든 책 안에도 있다.

오래된 도서관에서 오늘도 악마는 누군가에게 끊임없이 속삭인다.

'자, 너는 이 문제를 풀 수 있니?'

맺음말

페르마의 마지막 정리의 증명을 쫓았던 수학자들에 관한 책을 쓰면서 이런 말을 하는 것도 뭣하지만 나는 수학의 증명이 너무 싫었다.

'수학의 증명 따위를 공부해서 뭘 한담. 시험에도 나오지 않잖아!'

고등학교 시절 시험에서 높은 점수를 따고 좋은 대학에 들어가기 위해서만 공부를 했다. 그런 나에게 수학 공부란, 공식을 암기하고 그것을 사용해 문제를 푸는 테크닉을 익히는 것에 지나지 않았다. 그러니까 '공식이 왜 성립되는가' 하는 과정은 아무래도 상관없다고 생각했던 것이다.

그러나 내가 다니던 고등학교의 수학 수업은 그 증명을 주체로 한 것이었다. 다시 말해 선생님이 칠판에 공식의 증명을 줄줄이 써넣으면 학생은 묵묵히 노트에 받아 적는 수업이었던 것이다. 나는 그런 짓을 아무리 해 봤자 시간 낭비라고 생각했으므로 대개는 필기도 하지 않고 자거나 수험대비용 연습 문제만 풀고 있었다.

이런 나의 수업 태도가 눈에 띄었는지 어느 날 교무실로 불려가기에 이르렀다.

수학 선생님은 "왜 수업을 성실히 듣지 않는 거니?"라고 물었고 나는 마음먹고 "선생님이 가르쳐주시는 건 시험에 나오지 않잖아요"라고 불만을 늘어놓았다. 그때 선생님은 꾸짖기는커녕 어떤 이야기 하나를 해 주셨다.

그것은 바로 이 책의 칼럼에 있는 '방정식의 해의 공식을 구하는 수학자들'의 이야기였다. 그 이야기를 듣고 난 후 비로소 증명 하나하나에 각 수학자들의 정열이나 인생이 고스란히 깃들어 있다는 것을 알았다.

"우리에게는 선인이 인생을 걸고 남긴 증명이라는 성과를 이어받을 의무가 있다. 공부란 그를 위한 것이며 시험에서 좋은 점수를 얻는 것만이 전부는 아니지."

정말 눈이 번쩍 뜨이는 순간이었다. 하지만 내가 그 선생님의 이야기를 듣고 수업 태도가 좋아졌느냐 하면 그렇지는 않다. 증명의 재미와 낭만에 이끌린 나는 교과서에 실려 있는 증명의 첫 문장과 마지막 문장만을 보고 그 과정을 스스로 이끌어내는 놀이에 푹 빠져 오히려 점점 더 수업을 듣지 않게 되었다.

그 후 이런 생각에 빠졌다.

'수학의 증명이란 요컨대 식을 일정한 규칙에 따라 변형하거나 다른 공식과 조합해서 새로운 공식을 만들어내는 것이지. 그것을 컴퓨터에게 시켜보면 어떨까? 컴퓨터에 그 작업을 입력해 차례차례 하게 해 보면 지금까지 아무도 발견하지 못했던 새로운 공식을 찾아낼 수 있을지도 모른다. 평생을 걸어야 할 무언가를! 평생을 투자해서라도, 인생 전부를 던져서라도 도전해야 할 문제를!'

이렇듯 영문도 모르는 말을 꺼내 소중한 청춘 시절을 쓸데없이 허비하게 되는데 그것은 또 다른 이야기이고.

여하튼 《악마에 홀린 수학자들》은 얼핏 보면 무기적으로 보이는 수학 공식에도 사실 인간의 정열이 숨어 있다는 사실을 알았을 때의 '감동' 같은 것을 쓴 것이다. 물론 수학이라는 학문의 정말 놀라운 깊이와 재미는 이 책의 여백을 전부 사용해도 다 표현할 수는 없다. 그러나 이것을 계기로 수학에 대한 흥미의 문이 조금이라도 열린다면 행복하겠다.

그런데 사실 이 책과 함께 낸《철학적 사고로 배우는 과학의 원리》에서 완전히 에너지를 쏟았기 때문에, 이 책의 집필은 좀처럼 진전되지 못했다. 그렇지만 후타미 편집부의 따뜻한 격려와 지원으로 무사히 써낼 수 있었던 것에 이 자리를 빌려 감사의 마음을 전한다.

만약 운 좋게도 이 책이 첫 번째 책과 마찬가지로 호평을 얻는다면 어쩌면 세 번째 책《철학적이거나 혹은 ○○이거나》가 나올지도 모르겠다. 그때는 또 이 책과 똑같은 '학문이란 이렇게 재미있다' '이 학문을 만든 사람들은 이런 철학(생각)을 해왔다'는 이야기를 잔뜩 쓰고 싶다.

마지막으로 힐베르트의 말을 인용하며 맺음말을 대신하려고 한다.

우리는 알아야만 한다. 우리는 알게 될 것이다.

그렇다. 우리는 모르면 안 된다. 그리고 누군가가 인생을 걸고 알아낸 것은 올바르게 전달해나가지 않으면 안 된다. 부모가 자녀에게 그 상상력을 전수해 온 것처럼. 크렐레나 슈발리에가 소중한 친구의 유고를 전달했던 것처럼.

그런 의미를 담아 이 책을 나의 큰아들과 학문을 배우는 모든 아이들에게 바친다.

참고 도서

기억의 구분지도-75년의 회상   시무라 고로

수학 홀릭: 페르마의 마지막 정리   유키 히로시

수학걸   유키 히로시

쉽게 읽는 페르마의 마지막 정리   아미르 D. 악젤

천재 수학자들의 영광과 좌절   후지와라 마사히코

페르마의 마지막 정리   사이먼 싱

푸앵카레 정리를 푼 수학자   도널 오셔

해결! 페르마의 마지막 정리-현대수론의 궤적   가토 카즈야